DELLE FUNZIONI RIPRODUTTIVE NEGLI ANIMALI

L'UOMO E LE SCIMIE

Filippo De Filippi

Texte et illustration de couverture : © domaine public
Edition : Culturea (Hérault, 34)
Contact : infos@culturea.fr
Retrouvez notre catalogue sur http://culturea.fr
Imprimé en Allemagne par Books on Demand
Design typographique : Derek Murphy
Layout : Reedsy (https://reedsy.com/)

Dépôt légal : janvier 2023

ISBN : 9791041842513

PREFAZIONE

Il signor Milne Edwards in quel suo prezioso Corso Elementare di Zoologia, che è ormai diffuso in quasi tutte le scuole d'Europa, ha creduto conveniente l'ommettere il trattato sugli organi e sulle funzioni della generazione. L'età e la classe degli studiosi ai quali è particolarmente consacrato il libro, esigevano questo riguardo, che nessuno può non approvare pienamente.

Ma la scarsità delle opere di Storia Naturale prestantisi all'educazione progressiva della gioventù in Italia, ha fatto sì, che il libro del signor Milne Edwards vi si trovi anche fra le mani di persone più inoltrate e nell'età e nel senno e negli studii, che non gli alunni degli ordinarii collegi e de' licei. Per esse la lacuna espressamente lasciata dall'illustre professore di Parigi è dunque un vero difetto, cui l'editore italiano saggiamente pensò supplire con un trattatello apposito, del quale diede a me l'incarico.

Nell'accingermi a quest'impresa, ho ben veduto come le difficoltà del soggetto siano accresciute dal confronto coll'opera stessa del signor Milne Edwards; ma ho sperato che valesse appunto questa considerazione a meritarmi indulgenza presso il lettore.

Ho procurato eziandio, per quanto è possibile, evitare parole ed esempi che potessero solleticare una non lodevole curiosità. Già dissi a qual sorta di studiosi sia destinato questo trattatello; ho però lusinga che la sua inopportunità pe' giovanetti sia riconosciuta piuttosto nelle previe cognizioni occorrenti alla sua intelligenza, che nella natura stessa de' fatti esposti e degli argomenti discussi.

Torino, 31 Ottobre 1849.

§ 1. Nozioni generali.

Gli animali hanno la facoltà di rigenerare alcune porzioni de' loro tessuti: anzi perfino alcune parti de' loro organi. Questa facoltà, limitata ne' quadrupedi e negli uccelli alle sole produzioni epiteliche, o cornee, va guadagnando col discendere alle classi inferiori; e già vediamo le lucerte riprodurre la coda: le salamandre ripristinar le zampe amputate (Spallanzani); gli aracnidi ed i crostacei le antenne e le gambe. Se le attinie sono convenientemente divise in due o tre parti, ciascuna di queste ha la proprietà di riprodurre il mancante; e così risultano due o tre individui da un solo. Un modo analogo anche naturale di propagazione fu indicato da Bonnet nel lombrico di terra, da O. Müller nelle najadi ed in altri vermi; ma, come verrà forse occasione di osservare in seguito, meglio studiato il fenomeno, l'analogia non va in questi casi oltre l'apparenza superficiale.

La facoltà indicata delle attinie è ancora più maravigliosa nell'idra d'acqua dolce, come dimostrano le famose esperienze di Trembley, che verso la fine del secolo scorso fecero maravigliar l'Europa. È dunque ben sicuro esservi animali che si possono moltiplicare per scissione o separazione di parti. La quistione si riduce a sapere, se e dove questo modo di propagazione è veramente naturale; ora l'osservazione, quanto alle stesse attinie, non meno che quanto alle idre, decide per la negativa. Pare che nella natura gli esempj di questo modo di moltiplicazione siano ristretti ad animali delle infime classi. I rizopodi, formati da una polpa omogenea, estensibile e contrattile (sarcode), senza organi permanenti di sorta, almeno visibili, dove lasciano un brano del corpo, lasciano materia per un nuovo individuo. Ehremberg asserisce che la separazione naturale di un individuo in due o più consimili ha luogo anche in molti infusorii; per esempio ne' paramecii, nelle vorticelle, ec. Questi animali diconsi scissipari.

Le attinie e le idre si propagano in un altro modo, che servì a stabilire una certa analogia tra questi animali ed i vegetabili. Su di una parte del loro corpo spuntano, come per eccesso di nutrizione, bottoni, gemme, che a poco a poco sviluppansi in altrettanti individui simili alla madre che li sopporta; dalla quale poi si distaccano in progresso di tempo, per vivere di vita propria e indipendente e moltiplicarsi secondo l'istessa legge. Questa facoltà è comune agli altri animali della medesima classe (polipi), ne' quali però i nuovi individui rimangono per lo più aderenti al corpo de' progenitori, e col loro moltiplicarsi all'infinito, rendono sempre più estese e complicate le diramazioni della colonia. È spontanea e giusta la qualificazione di gemmipari adoperata per questi animali.

Vi hanno infine degli animali che sebbene privi affatto nel loro semplicissimo corpo di organi particolari per la riproduzione della specie, non si moltiplicano nè per separazione di parti nè per bottoni: ma invece per vera formazione interna di germi, che in alcuni casi si sviluppano nel seno stesso degli individui generatori: in altri casi invece sono emessi appena formati, e prima che incominci il loro sviluppo. Si ha così la generazione germipara.

Troviamo escmpj di questo processo in molti infusorj, la cui struttura estremamente semplice si può ridurre a quella di una pura cellula, che ha la facoltà di produrne altre nel suo interno. Un caso particolare di questo modo di generazione ci viene offerto dalle gregarine, animaletti unicellulari che si incontrano parassiti nell'intestino di un gran numero di insetti e vermi, e la cui interessante storia fu illustrata recentemente dalle belle osservazioni de' signori Kölliker, Frantzius e Stein. Vivono esse in gran numero di individui entro un medesimo viscere del loro ospite, ma libere le une dalle altre. Tutte quelle di una medesima specie e d'un istesso grado di sviluppo sono perfettamente fra loro identiche, nè è possibile in modo alcuno distinguerle in maschi e femmine. Tuttavia giunta l'epoca della propagazione, si accoppiano strettamente, perdono ogni indipendenza di movimento, e infine si lasciano inviluppare da una membrana che si forma attorno ad ogni coppia. Il che avvenuto non tarda a succedere in ambo gli individui una dissoluzione del corpo, nella cui sostanza si producono i germi di una nuova generazione di gregarine. Questi germi quando sono completamente formati hanno un tegumento resistente quasi di pergamena, e la forma di una spola, d'onde venne loro il nome di navicelle. Sparito col tempo il tramezzo di separazione delle cavità de' due individui, non resta altro che il sacco sferico, inviluppo di questi, pieno delle anzidette navicelle. Questi sacchi sono quindi evacuati colle feci dell'insetto o del verme in cui furono prodotti, e rimangono così abbandonati laddove quegli insetti e quei vermi sogliono vivere e nutrirsi, finchè trangugiati da un altro di questi, trovano opportunità per svilupparsi.

La qui unita serie di figure spiegherà meglio di ogni ulteriore parola la storia delle gregarine.

Ma per quanto numerosi appajano i casi di questi varj modi di propagazione, essi devonsi considerare come pure eccezioni o particolarità, davanti la legge veramente generale che stabilisce necessarj alla generazione degli animali il concorso di organi appositi, ed il contatto de' loro prodotti. Mentre per la formazione delle gemme propagatrici nei polipi o de' germi degli infusorj non v'ha una parte designata del corpo, non v'ha organo speciale, non v'ha sesso, noi vediamo quanto sia giusta la distinzione che si fa anche volgarmente di quasi tutti gli animali in maschi e femmine; queste produttrici dell'uovo, quelli del liquido fecondatore. Vedremo in seguito che le istesse attinie, gli stessi polipi in certe determinate condizioni di sviluppo generano per uova e non più per gemme: e che all'estremo opposto della scala animale, i mammiferi, i quali generano figli vivi, non si sottraggono all'indicata legge, in quanto che questi figli vivi provengono sempre da uova sviluppatesi nell'alvo materno, piuttosto che fuori di esso, come accade nella pluralità degli animali che sono veri e genuini ovipari.

La distinzione di maschi e femmine impossibile in quegli animali che non hanno organi del sesso, e che perciò si dicono agami, non ha più luogo nemmeno in quegli altri che, presentando congiunte in un medesimo individuo le parti maschili e le femminili, sono chiamati ermafroditi od androgini.

Premesse queste cognizioni, esaminiamo singolarmente gli organi riproduttivi de' due sessi.

§ 2. Apparato maschile.

La parte veramente essenziale di questo apparato è una ghiandola, ora unica, ora doppia e simmetrica, destinata a secernere un umore particolare detto seme o sperma. Questa ghiandola chiamasi testicolo. Nella pluralità degli animali essa trovasi nella cavità del ventre, e versa all'esterno la sua secrezione mediante un piccolo canale che ha preso il nome di condotto deferente o spermatico, il quale in molti animali incomincia per lo più da un'appendice del testicolo, detta epididimo, e coll'ultima sua porzione detta condotto ejaculalore termina in un'appendice particolare (pene), più o meno sviluppata secondo le età e le stagioni, e destinata a versare l'umor prolifico nell'atrio sessuale della femmina.

Non possiamo accennar qui minutamente le ulteriori complicazioni di quest'apparato nelle classi superiori e particolarmente ne' mammiferi; e quindi ci limiteremo ad aggiungere che in molti casi lungo il tragitto che il seme deve percorrere, innanzi esser versato al di fuori, si incontrano sacchetti od espansioni del condotto deferente, destinati a serbatojo temporaneo del seme stesso. Tali sono le vescicole seminali de' mammiferi, quelle ancor più sviluppate de' cefalopodi, ec. ec. Per altro convien dire che nella maggior parte de' casi queste così dette vescicole seminali non servono solamente a ricettacolo del seme: ma anche ad una secrezione particolare che si aggiunge a quella de' testicoli.

Il seme è un liquido più denso dell'acqua, d'aspetto più o meno lattiginoso; pel quale carattere lascia già travedere ciò che viene confermato dalle osservazioni con un microscopio sufficientemente forte; cioè la sua composizione di una parte liquida e di una moltitudine di corpicciuoli solidi. Questi sono anche dotati di una singolare proprietà, che è quella d'un movimento anguillare così svariato e vivace da apparir quasi spontaneo: motivo per cui furono considerati come veri animali fin dal primo loro scopritore Leuwenhoek, e chiamati zoospermi, od animaletti spermatici. L'ordinaria loro forma è quella di filamenti con un'estremità ingrossata a guisa della capocchia d'uno spillo; e questo ingrossamento fu considerato come il corpo, il filo come la coda dell'animaletto, per una certa analogia con altri esseri detti cercarie, ne' quali una organizzazione animale è più riconoscibile. In alcuni però, come per esempio ne' crostacei, questa forma è assai differente.

In questi ultimi tempi essendo insorti fortissimi dubbj sull'individualità animale di questi corpicciuoli, furono meglio designati col nome di spermatozoidi, o di fili spermatici. Dobbiamo al prof. Kölliker una bella serie di ricerche tendenti a dar tal vigore a questi dubbj, fino a distruggere definitivamente l'antica supposizione. Questi corpicciuoli infatti non palesano a qualunque ingrandimento del microscopio alcuna traccia di struttura organica; non si propagano; si formano entro le cellule di una glandula come tutti i materiali essenziali delle secrezioni, ben diversamente de' veri animali. Quanto al loro movimento, l'ignorarne la vera causa non è titolo bastante per assegnar loro il carattere di veri individui animali. È un fenomeno vitale senza dubbio, ma analogo a quello che si verifica nelle cellule isolate dell'epitelio ciliato, nelle quali nessuno ha mai preteso veder per questo altrettanti animali viventi per sè.

La vitalità degli spermatozoidi si mantiene per lungo tempo, anche allorquando per l'atto dell'accoppiamento sono passati nell'apparato sessuale femmineo. Ne abbiamo un esempio nell'osservazione fatta da Siebold sulle femmine delle vespe, le quali conservano il seme raccolto in apposito ricettacolo durante un'intiera invernata, per fecondar poi le uova in primavera senza ulteriore concorso del maschio.

Molto comunemente gli spermatozoidi, ricercati entro il condotto deferente o le sue appendici, si veggono radunati in fasci, in modo quasi da comporre colle capocchie tutte riunite una massa sola. Anzi negli insetti, scendendo questi fasci pel canale deferente, ed anche nel testicolo stesso, sono provveduti di una sottile membranella che li tiene riuniti, e che forma così un sacchetto contenente i corpicciuoli dello sperma. Ne' crostacei questi sacchetti sono ancor più visibili per la maggior grossezza della parete, e meritano propriamente il nome che loro fu apposto di spermatofori.

Ne' meandri del condotto spermatico de' cefalopodi, Swammerdam e Needham hanno scoperto una moltitudine di piccoli corpi vermiformi, della lunghezza di alcune linee, formati principalmente di una tonaca esterna resistente che racchiude un sacchetto allungato terminante in tubo spirale. Questi corpi, versati dal condotto spermatico nell'acqua, si contraggono, cambiano figura, e infine dopo varj contorcimenti scoppiano e lasciano uscire il contenuto. I moderni che li ripresero in esame, dimostrandone più accuratamente la struttura interna, che è assai complicata, diedero in varie congetture: e chi volle considerarli come zoospermi giganteschi, e chi invece come vermi parassiti. Ma il loro contenuto, che è il vero sperma de' cefalopodi, e l'analogia con quanto abbiam già detto osservarsi ne' crostacei, ci autorizzano ad attribuir loro nessun'altra natura fuori di quella di puri spermatofori.

Talvolta si uniscono al liquor seminale altri umori secreti da ghiandole particolari, come per esempio ne' mammiferi quello della prostata e delle così dette glandule di Cowper.

§ 3. Apparato femminile.

Come v'ha nel maschio un testicolo ed un canal deferente, così nella femmina havvi un ovario ed un ovidutto. Oltre queste parti se ne danno altre che si possono considerare come accessorie, per la loro mancanza in un gran numero d'animali: tali sarebbero per esempio un utero ed una vagina.

L'ovario è la glandula destinata a secernere l'uovo, ossia il prodotto essenziale della femmina nell'atto generativo. Esso pure talvolta è unico ed impari, talvolta doppio e simmetrico, ciò che deve naturalmente intendersi anche dell'ovidutto, ossia del canale che riceve le uova dall'ovario e le avvia verso l'apertura sessuale. L'utero è un'espansione al termine di questo ovidutto, nella quale le uova sono destinate a soggiornare per qualche tempo onde svilupparvisi; in alcuni casi, come vedremo in seguito, gli embrioni nati da queste uova devono anzi contrarre aderenza vascolare colla parete interna dell'utero stesso, onde aver materiali del loro accrescimento. La vagina si forma dalla congiunzione de' due ovidutti; non è ben distinta perciò negli animali che hanno un solo ovario; o ne' quali gli ovidutti si aprono direttamente sia all'esterno, sia in una cavità comune anche allo sbocco dell'intestino, e che dicesi cloaca. Tale è appunto il caso degli uccelli, dove inoltre l'ovario destro è ordinariamente atrofico, e quindi anche il corrispondente ovidutto.

Negli insetti la vagina, che soventi va confusa coll'ovidutto, si complica per l'aggiunta di sacche particolari. Una di queste, che riceve durante la copula il pene del maschio e si riempie di sperma, è detta borsa copulatrice: un'altra, di struttura assai variabile e complicata per l'aggiunta d'uno speciale apparato glandolare, sembra più particolarmente destinata a serbatojo del liquor seminale, e dicesi quindi ricettacolo del seme: finalmente apronsi nella vagina due altri organi glandolosi simmetrici destinati alla secrezione del glutine che spalma le uova e le fa aderire ai corpi sui quali vengono dalla femmina deposti.

Esaminando le uova non mature, tolte dalle celle dell'ovario, ancora piccole e trasparenti, in qualunque genere d'animali, si trovano, quanto all'essenza, costituite sempre dalle medesime parti; cioè da una membrana esterna, con un contenuto liquido; ed entro il sacchetto che ne risulta una seconda vescicola, la quale contiene altri piccoli corpicciuoli.

La membrana esterna, dal nome del suo contenuto, che è il tuorlo, o vitellus de' latini, chiamasi membrana vitellina: essa è anista, cioè priva di ogni struttura. Il tuorlo, che nelle uova appena formate è in piccola quantità e trasparente, col progresso della maturanza aumenta assai e si rende opaco, per una moltitudine di piccoli granuli che lo riducono simile ad una densa emulsione e frammezzo ai quali trovansi anche molte goccioline d'olio.

La vescichetta interna che preesiste al tuorlo, conserva il primitivo volume, si rende sempre meno visibile per l'addensarsi attorno di essa della materia granulosa del tuorlo stesso, ed abbandonando il centro dell'uovo si porta sempre più verso la sua periferia. Per la sua grande importanza fisiologica, e dal nome del suo scopritore, fu chiamata vescicola germinativa o di Purkinje; e macchie germinative i corpicciuoli opachi del suo contenuto. Si è osservato in alcuni animali la formazione di questa vescichetta germinativa e quella del tuorlo in follicoli separati.

Queste sono le parti essenziali dell'uovo: ma convien aggiungere che esso ha un inviluppo particolare in un'altra membrana che da principio è addossata alla vitellina, ma che se ne allontana per distensione, appena l'uovo ha abbandonata l'ovario. Quest'altra, membrana che dicesi membrana testacea è più densa e stipata della vitellina stessa; ma concede tuttavia passaggio al fluido nel quale l'uovo trovasi immerso cadendo dall'ovario. Negli uccelli e ne' rettili questo fluido è l'albume che secernesi nell'ovidutto; ne' pesci invece è l'acqua nella quale le uova sono deposte.

Indipendentemente dall'atto della fecondazione, l'uovo nel passaggio dall'ovario all'esterno del corpo, subisce alcuni importanti cambiamenti che in via di esempio esamineremo nella gallina comune. Giunto esso a completa maturanza, grandemente accresciuto in volume, rompe la capsula dell'ovario nel quale era contenuto, (detta calice) e passa nell'ovidutto. In questo semplice passaggio la vescichetta germinativa scompare, ed il suo contenuto forma a poco a poca alla periferia del rosso o del tuorlo una piccola macchia circolare bianca, detta cicatricola. L'uovo discende lentamente per l'ovidutto, ingrossando sempre per l'aggiunta dell'albume, ed acquistando quella forma allungata che gli deve esser propria. La membrana vitellina forma ai due poli opposti dell'uovo due prolungamenti che per la discesa dell'uovo stesso in rotazione spirale, si attorcigliano e producono le così dette calaze. Il guscio calcare non si forma che verso la fine dell'ovidutto: alla sua estremità più ottusa corrisponde internamente un piccolo spazio pieno d'aria, che si aumenta sempre più collo sviluppo dell'embrione e che si dice follicolo o camera d'aria.

§ 4. Differenze sessuali.

Per quanta sia la corrispondenza reciproca fra le varie parti dell'apparato generativo de' due sessi intorno alla quale occorrerà in seguito ulteriore parola, i caratteri costanti dello sperma e delle uova faranno sempre riconoscere anche negli animali inferiori il testicolo e l'ovario, e le dipendenze dell'uno e dell'altro.

La distinzione de' sessi è facile nella maggior parte degli animali che cadono comunemente sotto la nostra osservazione, anche senza l'ispezione anatomica degli organi della generazione, che sono nella massima parte nascosti; perchè varj caratteri di statura, di colori, d'ornamenti accompagnano spesso le essenziali differenze sessuali e le fanno riconoscere anche volgarmente. Ma in alcune classi di animali queste differenze sono ben più rilevanti, e tali da esser causa de' più grandi errori nelle classificazioni, poichè sono portate fino ad abolire ogni rassomiglianza fra il maschio e la femmina d'una medesima specie. Eccone alcuni esempj.

Tra i crostacei dell'ordine de' succhiatori o parassiti, v'hanno alcune specie componenti la famiglia delle lerneidi, delle quali per lungo tempo non si conobbe il maschio, tanta è la disparità di forma di volume e di abitudini che regna tra esso e la femmina. Questa vive aderente per lo più alle branchie de' pesci, succhiandone gli umori ed ingrossando a dismisura per lo sviluppo delle ova, delle quali porta ripieni due sacchetti dietro l'addome; non ha vere gambe articolate come gli altri crostacei, e piuttosto direbbesi rassomigliante ad un verme. Il maschio invece presenta i caratteri di crostaceo ben riconoscibili, ha gambe articolate, non è parassito, e solo all'epoca della generazione si fissa in prossimità dell'orifizio sessuale della femmina e la feconda. Ma ciò che v'ha di più singolare si è la enorme sproporzione di volume fra il maschio e la femmina, che nel massimo stato di rigonfiamento di questa, si fa salire da qualche autore fino al rapporto di 1 : 4.600. Non dobbiamo ommettere però che questa femmina nello stato di gioventù ha subìto, quanto alle forme, le stesse metamorfosi del maschio; ma nel mentre questo si è arrestato a un dato periodo, essa continuò fino a trasmutarsi in una sorta di verme, scendendo di grado, per così dire, nella scala gerarchica animale.

Dell'argonauta del mediterraneo non si offerirono fin qui all'indagine de' naturalisti se non individui femmine. Su questo animale vive, quasi ne fosse parassito, una sorta di verme allungato con molte ventose all'ingiro del corpo, pel quale appunto Cuvier ebbe a creare il suo genere Hectocotyle della classe degli elminti. Ora per contrapposto a quanto abbian ora veduto dell'argonauta, tutti questi individui di Hectocotyle esaminati finora sono di sesso maschile; circostanza che, appoggiata da qualche altro carattere anatomico di analogia fra due animali tanto diversi, rende sommamente probabile l'opinione del sig. Kölliker, il quale considera il preteso verme parassito dell'argonauta come il maschio di questa specie.

Per esprimere con maggior facilità nelle opere e nelle collezioni di storia naturale queste distinzioni di sesso, i naturalisti hanno scelto per convenzione il simbolo ♂ (Marte) pel maschio; e quello ♀ (Venere) per la femmina.

§ 5. Ermafroditi.

Gli individui che portano riuniti gli organi maschili e femminili, si chiamano, conte già abbiam detto, ermafroditi od androgini. Sebbene questi casi occorrano comunemente e per legge normale nelle classi inferiori, pure le osservazioni accurate de' moderni ne hanno ristretto il numero, dimostrando in molti animali dianzi giudicati ermafroditi, la completa separazione de' sessi. Recentemente un distinto naturalista danese, il sig. Steenstrup, trascorse ad un altro eccesso, negando perfino la realtà dell'ermafrodismo in natura; appoggiandosi particolarmente sulle molte cause di errore che possono illudere i naturalisti intorno alla precisa determinazione de' sessi e su false premesse di teoria. Questo sforzo d'ingegno non ottenne però il risultato che si era proposto. Esistono in natura veri e reali ermafroditi, presentanti nel medesimo tempo non solamente gli organi de' due sessi, ma i prodotti caratteristici di entrambi.

Grandissima corrispondenza esiste fra le parti sessuali del maschio e quelle della femmina, in modo da rappresentarsi reciprocamente. Le une e le altre provengono dai medesimi organi rudimentali dell'embrione, i quali si sviluppano in un modo o nell'altro, secondo che, per cause finora ignote, si deve più tardi pronunciare il sesso. Negli insetti si è persino osservato qualche volta lo sviluppo abnorme di organi femminili da un lato, di maschili dall'altro; e pretendesi che il medesimo caso, sebbene assai più raramente, sia occorso in individui delle classi de' crostacei e de' pesci. In questo ermafrodismo laterale si è anche notato che le parti femminili sono ordinariamente a sinistra; la qual circostanza è in rapporto collo sviluppo normale ed esclusivo dell'ovario sinistro negli uccelli. Giammai però in questi casi entrambi gli apparati sessuali sono capaci delle rispettive funzioni; sovente anzi vi ha sterilità completa d'ambe le parti.

Mancano esempj ben avverati di ermafrodismo di qualunque specie ne' mammiferi, negli uccelli, ne' rettili. Ciò che si è potuto riferire a questo riguardo, dipende da false interpretazioni e da puri cambiamenti di forma o disposizione delle parti dell'uno o dell'altro apparato sessuale. Recentemente il signor Jacobson assicurò aver trovato piuttosto di frequente in rospi, presentanti i caratteri esteriori de' maschi, un ovario col suo ovidutto, talvolta rudimentale soltanto, ma in altri casi perfettamente sviluppato, e posto al disopra de' testicoli, fra questi e le appendici pinguedinose. Questa osservazione merita di esser confermata da ulteriori ricerche. I veri casi normali di ermafrodismo non si riscontrano che negli animali delle classi inferiori, particolarmente ne' molluschi e ne' polipi; e sembra che la natura abbia voluto supplire in tal modo alla loro troppo scarsa o nulla facoltà locomotiva che renderebbe impossibile o per lo meno assai difficile il ravvicinamento di due individui e le nozze consecutive.

Si devono ulteriormente distinguere gli ermafroditi in due categorie. In alcuni casi ogni individuo basta a sè stesso; produce ed emette nel medesimo tempo uova e seme, e provvede così anche isolatamente alla propagazione della propria specie. Di questi ermafroditi autogami abbiamo numerosi esempj nella divisione de' raggiati di Cuvier, come nelle ascidie ed in molti polipi che vivono fissati in perpetuità sugli scogli del mare.

Negli altri ermafroditi, che diremo eterogami, un individuo solo non vale a produrre le uova e fecondarle contemporaneamente col proprio seme: fa d'uopo che si accoppii ad un altro individuo della sua specie. Alcuni anellidi, come le sanguisughe ed i lombrici e la maggior parte de' molluschi sono in questo caso: e qui ricorre subito alla nostra mente l'esempio volgarissimo delle lumache comuni che si vedono frequentemente in primavera accoppiate ne' nostri giardini, in modo che l'organo maschile di un individuo sia introdotto nell'orifizio femmineo dell'altro e viceversa. Si è ammesso anzi per lungo tempo che in questo atto ogni individuo fosse nel medesimo tempo fecondato e fecondatore: ma una più accurata indagine ha dimostrato invece che da tale accoppiamento un solo individuo rimane fecondato. Tutto induce a credere che in questi animali le funzioni di maschio e di femmina siano alternanti.

Convien fare negli ermafroditi di questa categoria un'ulteriore distinzione anatomica. In alcuni, come nelle sanguisughe, gli organi sessuali sono affatto distinti e non si riuniscono che in vicinanza del loro sbocco: in altri, come ne' molluschi, una stessa glandula secerne i materiali dell'uovo e del seme; e questa glandula prende allora l'appellativo di ermafroditica. Nella lumaca comune e ne' generi affini, il follicolo del seme è contenuto entro quello delle uova, come un dito in un guanto, sebbene ciascuno sia poi provveduto di un condotto escretore particolare; in altri casi invece; una medesima glandula fatta a grappolo porta acini distinti, femminili e maschili.

§ 6. Epoca degli amori.

L'attività e lo sviluppo degli organi sessuali non sono costanti in ogni tempo dell'anno; ma ricorrono a periodi determinati e varj a norma delle specie. È universalmente salutata la primavera come la stagione delle nozze, sia per le piante, come per la maggior parte degli animali che popolano le nostre campagne; e in vero possono considerarsi quasi come un'eccezione le specie che vanno in amore o sotto le brume autunnali, o ne' rigori del verno, come per esempio il lupo fra i mammiferi, i salmoni fra i pesci.

Non solamente queste epoche sono contrassegnate da un grande sviluppo di uova o di spermatozoidi negli organi a ciò destinati; ma anche dal manifestarsi di nuovi caratteri consensuali, quali sono per esempio lo sviluppo di certe ghiandole cutanee sovente odorifere ne' mammiferi, il maggior lusso delle piume negli uccelli, le creste dorsali de' tritoni, ec. In generale questi caratteri secondarj sono tanto più appariscenti, quanto più lungo è l'intervallo fra l'una e l'altra epoca nuziale; quindi più negli animali che generano una sol volta all'anno, che in quelli che s'accoppiano più volte. Fanno maraviglia a questo riguardo gli insetti per l'enorme differenza tra le forme della larva e quelle che presentano dopo subite le metamorfosi. In quest'ultimo loro stadio passano una vita brevissima ed appena sufficiente all'opera della propagazione, opera che essi non rinnovano mai, per la morte che li colpisce appena vi hanno adempiuto un'unica volta. Da tutto ciò si vedrà con quanto fondamento i naturalisti prescelgano di studiare i caratteri degli animali alla stagione in cui questi caratteri sono maggiormente spiegati e l'organismo è, per così dire, più completo: la quale stagione è appunto quella degli amori.

Essa è contrassegnata anche da un cambiamento notevole nel morale e nelle abitudini degli animali. Alcuni che d'ordinario sono d'indole tranquilla e pacifica, diventano irrequieti e furibondi pel possedimento delle femmine che difendono o contrastano perfino con pugne accanite. Molti pesci abbandonano i profondi recessi del mare per salire lungo le correnti de' fiumi, e depositarvi il frutto de' loro apatici amori; alcuni insetti, abbandonata la loro dimora terrestre od aquatica, spiegano le ali nelle libere vie dell'aria.

Per tutti gli animali, senza distinzione veruna, l'attitudine a procreare ricorre a periodi determinati, più o meno distante l'uno dell'altro. La medesima specie umana non si sottrae a questa legge, per quanto volgarmente si creda il contrario.

§ 7. Ibridi.

Uno de' più sicuri dati che servono di fondamento all'idea della specie, è quello dell'accoppiamento spontaneo produttor di una prole feconda. La natura è così gelosa conservatrice de' caratteri primitivi della specie che ha infuso a questa una ripugnanza decisa ad immischiarsi per connubio con specie differenti. L'unione sessuale di due individui di specie diverse avviene tuttavia abbastanza di frequente negli animali che per la domesticità o per la schiavitù sono in parte sottratti alle leggi ed alle libertà naturali. Ne abbiamo troppi esempj volgari, perchè sia necessario il farne la citazione. Basta non di raro che un solo di questi individui sia allo stato di schiavitù per dar luogo a questa deviazione dal piano della natura. Così vediamo, per esempio, le anitre selvatiche scendere talvolta sui laghetti delle nostre ville, a congiungersi coll'anitra muschiata domestica. In qualche rarissimo caso soltanto non è necessaria questa circostanza, e possono due individui veramente liberi e di specie differenti, ma affini, incontrarsi per via e congiungersi in amore. Sembra certo che il tetraone medio non sia una vera specie, ma solo fondata su qualche individuo nato dall'urogallo maschio e dalla femmina del comun gallo di monte. Anche in questo caso però bisogna scorgere la lontana influenza dell'uomo, che inseguendo nella caccia una selvaggina così ricercata, ha potuto costringere ad uno stato di isolamento dalle loro famiglie legittime i due individui di questa coppia, e forzare il maschio salace e forte come in tutte le specie poligame, a sfogar l'istinto amoroso su di una femmina che non gli appartiene.

I prodotti dell'accoppiamento di individui di specie diversa, diconsi ibridi, o bastardi. La natura, quasi volesse punire in questi la colpa de' genitori, e sempre nel suo intento della stabilità delle specie, li ha fatti generalmente sterili od infecondi. La vera causa di ciò è ancora un mistero, poichè non v'ha differenza alcuna tra gli organi sessuali de' cavalli o degli asini, e quelli de' muli. Alcuni autori vorrebbero riscontrarla nella mancanza degli spermatozoidi nel seme del mulo, che altri pretendono invece aver osservati. È questo un argomento che richiama sempre la speciale attenzione de' fisiologi.

Si danno tuttavia de' veri ibridi fecondi; sia per caso raro e fortuito, sia costantemente. Si citano casi di mule pregnanti, su' quali però attesa l'estrema loro rarità, è lecito ancora spargere qualche dubbio; ma non sono rari gli esempj di fecondità degli ibridi di cardellino e canarino. Lo stambecco produce colla capra comune una prole feconda. Le varietà che si moltiplicano giornalmente delle razze de' nostri cani domestici, provengono assai probabilmente non già da una specie unica, ma da più specie di varie contrade del mondo, le quali immischiatesi per forza dell'addomesticamento, hanno dato bastardi sempre fecondi. È bene non perder di vista che queste ed altre simili deviazioni dalle norme primitive della natura si effettuano sempre sotto l'influenza dell'uomo; per cui a queste nozze generatrici di ibridi, è tolto il carattere della spontaneità e della naturalezza.

§ 8. Distacco dell'uovo e fecondazione.

L'uovo giunto a maturanza completa, e capace quindi di essere fecondato, pel semplice fatto del suo accresciuto volume rompe il follicolo dell'ovario e discende nell'ovidutto, (od in alcuni casi, direttamente nella cavità addominale). Questo distacco non avviene senza un consecutivo orgasmo generale, con quelle altre manifestazioni che caratterizzano l'epoca del calore. Il fenomeno si rinnova, scorso il tempo necessario per la maturazione di altre uova; e così è stabilita la periodicità, che è tanto palese e generale negli animali. Lo stesso e contemporaneamente avviene dello sperma, che stanziando anche per lungo tempo nelle vescicole seminali, rimane sempre pronto a quell'opportunità che è talvolta assai fugace per le uova. In alcuni animali, come per esempio ne' pesci, tutto l'istinto amoroso si risolve in una smania di liberarsi dall'enorme quantità di uova e di seme che distende il ventre dell'animale.

Questa periodicità e spontaneità del distacco delle uova dall'ovario, e quindi del vero momento per la generazione, sono una legge per tutti gli animali e per la stessa umana specie, per cui riguardo deve soltanto ascriversi alla breve distanza de' periodi, l'averla riconosciuta così tardi.

L'uovo de' mammiferi consta de' medesimi elementi dell'uovo d'ogni altro animale; ma è assai piccolo, quasi microscopico. Esso è contenuto in un follicolo particolare formato da varie membrane, una delle quali, molto vascolosa, detto degli anatomici vescicola di Graaf, e per lungo tempo considerato per l'uovo stesso. All'epoca della maturanza quest'uovo diventa una causa d'irritazione; i vasi del follicolo, e quindi anche dell'ovario s'injettano di una maggior copia di sangue; e infine il follicolo stesso si rompe e l'uovo che ne esce è raccolto dagli ovidutti che in questi animali prendono il nome di trombe falloppiane, dal modenese Falloppio che ne fece la scoperta. Lo sforzo per questa emissione dell'uovo e la congestione sanguigna che ne è una conseguenza, giungono ad un tal punto nelle scimmie e più ancora nella specie umana, da determinare un turgore insolito delle parti, ed una flussione di sangue. Questo apparato di sintomi ricorre ogni mese.

La vescicola di Graaf, così lacerata in una sua parte e priva dell'ovulo dianzi incluso, a poco a poco si colma d'un'essudazione concrescibile, di color carneogiallastro che tutta la ostruisce e forma uno de' così detti corpi lutei. Or fa appena qualche anno si credeva che il distacco dell'uovo nella donna richiedesse la precedenza necessaria d'un accoppiamento fecondo: un corpo luteo reputavasi certo segnale d'un avvenuto concepimento. Ora mediante le diligenti ricerche, soprattutto de' signori Pouchet e Bischoff, l'ovulazione spontanea e le sue naturali conseguenze nella donna sono un fatto dimostrato.

L'uovo maturo è un prodotto inutile, se non è fecondato entro un breve lasso di tempo. Egli ne perde l'attitudine in ragion del suo discostarsi dall'ovario, procedendo in basso per gli ovidutti. La natura ha però disposto in modo che (almeno ne' mammiferi) questa discesa non sia molto rapida: e dall'altro lato ha concesso agli spermatozoidi una vitalità lunga, onde arrestandosi ne' meandri femminili, possano attendervi quasi le uova ad un prossimo loro passaggio.

Si domanda ora quale delle due sostanze di cui è composto lo sperma, sia attiva nella fecondazione; ed in cosa consista questo atto? Dalla costanza degli spermatozoidi, nel seme di tutti gli animali, dalla loro prevalenza in alcuni sopra la parte liquida, possiamo arguire che ad essi debba attribuirsi la virtù fecondante. L'intimo secreto di questa virtù racchiude tutt'ora un mistero, come tutti que' fenomeni anche puramente fisici che si attribuiscono alla così detta azione di contatto. Alcuni fisiologi hanno supposto che lo sperma entrasse materialmente a comporre il futuro embrione: ma questa ipotesi è contraddetta dall'osservazione attenta e spregiudicata.

Riguardo all'atto esterno della fecondazione, ossia all'accoppiamento, esso ha luogo in due modi differenti. Nella maggior parte de' pesci, nelle rane e ne' rospi, la femmina partorisce le uova che vengono immediatamente dopo fecondati dal maschio. Nella maggior parte degli altri animali, il maschio provveduto d'un organo apposito, injetta l'umor seminale nella vagina della femmina: la quale in seguito deposita le uova già fecondate. La fecondazione può essere interna anche senza vero accoppiamento, mercè l'epitelio ciliato di cui è guernito in varie parti il corpo degli animali, ed il quale determina alcune correnti nella direzione che più torna opportuna alle funzioni varie. Una di queste correnti dirige l'umor seminale versato in prossimità dell'organo sessuale femmineo entro quest'organo stesso: ed è in questa maniera che ha luogo la fecondazione in molti molluschi acefali, ne' quali la facoltà locomotiva è assai ristretta, od anche del tutto abolita, per la loro aderenza agli scogli marini.

Un epitelio ciliato tappezza anche l'interno de' genitali femminei ne' mammiferi, e serve a dirigere il seme spruzzato anche al loro ingresso, fino molto innanzi, incontro alle uova che discendono per le tube falloppiane. Cessa in tal modo non solo il fondamento ma perfino il bisogno d'un'ipotesi quale si è quella della pretesa aura seminale: ipotesi tanto più falsa quant'è più comprovata la necessità del contatto materiale del seme e delle uova, onde la fecondazione abbia luogo.

§ 9. Sviluppo dell'uovo, e formazione dell'embrione.

Il primo cambiamento che si osserva nell'uovo staccatosi appena dall'ovario, si è la scomparsa della vescicola germinativa, che per altro ha luogo indipendentemente dall'azione dello sperma. Il suo contenuto prende una parte principale in un fenomeno maraviglioso, dal quale incomincia l'organizzazione dell'embrione e che fu osservato in tutte le classi di animali. Questo fenomeno veramente generale è quello delle solcature dell'uovo: noi cercheremo di porgerne una succinta idea, dopo alcune premesse che ci sembrano necessarie.

La teoria della preesistenza dei germi che ha tanto dominato in Europa nel secolo scorso, è ormai definitivamente relegata nel regno delle chimere. L'uovo non racchiude già un embrione in miniatura che l'atto della fecondazione risveglia e fa ingrandire: ma i soli materiali primi per la sua formazione. I tessuti di questo embrione non si formano neppure pel ravvicinamento di molecole nervee, muscolari, membranose, ossee, ec. preesistenti nell'uovo: ma si formano da cellule che si producono nell'uovo stesso. Queste cellule elementari, ordinariamente non visibili che ai maggiori ingrandimenti del microscopio, constano di un sacchetto od otricello sferico contenente un liquido denso e più o meno trasparente, nel quale è immerso in una posizione eccentrica quasi un secondo otricello che dicesi nucleo, contenente alla sua volta uno o più nucleoli. Talvolta varie di queste cellule sono contenute in un sacco comune, formato esso pure da una membrana semplice, senza struttura, e che ha preso il nome di cellula madre.

Rammentando qui le parti costituenti dell'uovo, è facile vedere che esso non è altro se non una cellula: la vescicola germinativa il suo nucleo: le macchie germinative i suoi nucleoli. — Questa cellula non racchiude ancora le cellule embrionali: ma le deve produrre. Il quale atto eminentemente vitale, in cui ha parte precipua, come abbiamo detto, la vescichetta germinativa, incomincia colle solcature dell'uovo, che si effettuano sempre dietro una istessa legge, sebbene con varia estensione. In alcune classi d'animali queste solcature interessano una sola porzione dell'uovo stesso: in altri invece l'intiera sua massa.

Le solcature parziali si osservano nelle uova degli uccelli, di quasi tutti i rettili, de' pesci, de' cefalopodi, ec. Le totali invece ne' mammiferi, in alcuni rettili (salamandre), ne' gasteropodi, negli acefali, polipi, ec. Ognun vede da questo che non si potrebbe stabilire una divisione naturale degli animali in due grandi scompartimenti, su questo dato delle solcature dell'uovo piuttosto parziali che generali.

Per ben comprendere in cosa consista questo fenomeno, sceglieremo i due seguenti esempj.

L'uovo de' pesci ossei, appena deposto e fecondato, è sferico senza rialzo di sorta alcuna alla sua superficie. La vescichetta germinativa è sparita, ma in sua vece trovasi alla superficie dell'uovo un'areola poco distinta, nella quale però sussistono i corpicciuoli che formavano le macchiette germinative; nessun dubbio adunque che la materia da cui essa è formata, sia il contenuto stesso della vescicola di Purkinje. Nello spazio di alcuni minuti in corrispondenza di quest'areola si forma un rialzo, che poco dopo, sopravvenuto un primo solco, è diviso in due: poi con un secondo solco tagliante il primo ad angolo retto, in quattro: quindi in otto, in sedici, in trentadue; e così progredendo sempre in ragione geometrica, il rialzo diventa un ammasso di cellule embrionali. Il tuorlo non ha preso parte in queste solcature. L'embrione che si forma alla sua superficie, a poco a poco lo investe e lo ritira nella cavità addominale, dove col tempo è assorbito.

Se invece si osservano i mutamenti che hanno luogo nell'uovo fecondato di un mollusco o di una salamandra acquatica, si vede prima di tutto l'uovo intiero dividersi mediante un gran solco in due lobi: ciascun di questi in altri due: e così di seguito la divisione si continua, sino alla formazione delle cellule embrionali. Se ricercasi la causa prima e vera della differenza tra questo caso e l'antecedente, la si trova in ciò, che ne' pesci la formazione delle prime cellule dal contenuto della vescicola di Purkinje, si effettua alla superficie del tuorlo; anzi fuori di esso: nelle salamandre invece, essa ha luogo nell'interno del tuorlo stesso, ed ognuna di queste cellule serve di centro d'attrazione della sostanza del tuorlo e ne rimane inviluppato, facendo le veci di nucleo.

Soltanto in alcuni animali della classe degli entozoi le cellule embrionali si formano entro il tuorlo senza che ne vengano circondate: quindi il fenomeno delle solcature dell'uovo non ha luogo. È questo per altro un caso particolare, se lo paragoniamo con quanto avviene in tutte le altre classi del regno animale.

Non ci è possibile progredire nell'esposizione di quel mirabile processo in virtù del quale un uovo si trasforma in un essere non solo animato, ma anche di complicatezza organica varia tanto quanta è la distanza che nella serie degli animali separa un polipo dall'uomo. Queste ricerche formano oggetto d'un ramo particolare della filosofia zoologica, il quale ha toccato in questi ultimi tempi un sì grande sviluppo da erigersi in ramo distinto di scienza, col nome di embriologia.

Appena per non lasciare a questo posto una troppo grande lacuna, daremo in breve un rapido cenno della formazione del pulcino, che è il campo prediletto degli embriologi, da Malpighi a' giorni nostri.

L'uovo fecondato nell'ovario o nella porzione superiore dell'ovidutto, discende per questo canale: e mentre s'aggiunge l'albume attorno al tuorlo, su di un piccolo spazio circolare di questo si formano le solcature, delle quali la cicatricola è un risultato. Anche senza fecondazione avviene il distacco dell'uovo, la secrezione dell'albume, ed un principio di solcature che però ben presto diventano irregolari e finiscono col lasciare una cicatricola imperfetta, quale si vede appunto nelle uova non gallate.

Poche ore dopo l'espulsione dell'uovo e sotto la covatura, la cicatricola, detta anche disco proligero, si allunga e lascia vedere nel suo mezzo un'areola pellucida, nel mentre si divide in due pagine; una superiore detta foglio sieroso; l'altra inferiore, foglio mucoso. In seguito l'areola pellucida si allunga; e tra le due lamine anzidette se ne forma una terza, che prende il nome di foglio vascolare; e nel medesimo periodo compare nella direzione dell'asse dell'areola una striscia bianca detta striscia primitiva; ed ai lati di questa si formano pure, come per comprenderla in un canale, le così dette lamine dorsali, più ravvicinate nel mezzo che alle loro estremità, una delle quali corrisponde al rigonfiamento cefalico: l'altra al così detto seno romboidale dell'estremità caudale. Nella porzione mediana di queste lamine dorsali si formano tanti corpicciuoli subprismatici disposti in due serie simmetriche, i quali non sono altro che i rudimenti delle vertebre. Le lamine stesse alle due estremità si incurvano a falce verso il tuorlo e nella loro lunghezza; a poco a poco si ravvicinano per formare il canal vertebrale, tranne che anteriormente, dove anzi la loro divaricazione aumenta sempre per dar luogo nell'interno alla formazione delle vesciche cerebrali.

Nel frattempo ha luogo un cambiamento importante nel foglio vascolare. Alla periferia di esso manifestansi a guisa di tante isolette sparse, piccole ramificazioni sanguigne, che tendono a formar una rete tra di loro, ed a spingere più grossi rami verso la parte ventrale, dove il cuore, sotto forma di un piccolo canale flessuoso e rilevato (punctum saliens) incomincia con ritmo lento e regolare le sue pulsazioni; assai distintamente visibili fin dal terzo giorno dell'incubazione.

Il foglio sieroso a poco a poco si separa ai margini in due lamine, la superiore delle quali ripiegandosi tutt'all'ingiro sul dorso, forma un sacco il cui margine si chiude a poco a poco; ed è il sacco dell'amnios, contenente un liquido. La lamina inferiore dello stesso foglio sieroso forma le pareti dell'addome e del tronco. Il foglio mucoso forma il canale alimentare e le sue dipendenze; nel mentre va sviluppandosi sempre più la cirolazione sanguigna.

In sei giorni l'embrione ha già acquistato la forma di un pulcino: il capo è molto voluminoso, con due grandissimi occhi, e nel mezzo il rudimento del becco. Incominciano prima a comparire le estremità anteriori, e quindi le posteriori, sotto forma di palette che in seguito si dividono in dita. Quest'embrione è affatto distinto dal tuorlo, al quale non aderisce che per un piccolo peduncolo comunicante coll'intestino. Una grossa vena ed una minore arteria (vasi onfalomesenterici), rispettivamente diramate dai vasi del mesenterio formano una rete sanguigna alla superficie del tuorlo, e lo assorbono lentamente; ma sul finire della vita embrionale la rimanente porzione del tuorlo passa nell'intestino per esservi digerita. Il bianco o l'albume diminuisce a poco a poco, e pare contribuisca a rendere più liquido il tuorlo stesso.

Oltre al sacco vitellino ed a quello dell'amnios, se ne forma un terzo da un rigonfiamento all'estremità inferiore dell'intestino, e che piccolo da principio, sviluppasi rapidamente e va a portarsi alla superficie dell'uovo, particolarmente verso la camera d'aria.

Questo sacco membranoso, detto allantoide, è ricchissimo di vasi sanguigni. Due arterie dell'embrione provenienti dalle iliache (che sono i due rami in cui dividesi l'aorta ventrale) traducono nelle numerose loro diramazioni un sangue atro o venoso: i vasellini venosi per lo contrario, si riuniscono in una grossa vena detta ombellicale che si dirige al fegato, e traduce sangue arterioso. Da questa sola circostanza chiaro apparisce la funzione dell'allantoide, che è quella di servire alla respirazione dell'embrione; ed infatti se distendesi un intonaco di vernice sul guscio dell'uovo, ed anche alla sola sua parte più grossa, otturati così i pori che danno adito all'aria, ne conseguita la morte inevitabile dell'embrione stesso.

Dopo ventun giorni di incubazione il pulcino è formato completamente; rompe il guscio dell'uovo, ed esce alla luce del giorno.

Lo sviluppo de' mammiferi ha luogo press'a poco secondo il medesimo piano generale. Se non che in questi la vescicola ombellicale, che corrisponde al sacco vitellino, ed è piccolissima, scompare in generale ben presto; e così è del pari dell'allantoide, che acquista però grandi dimensioni, e la forma vescicolare in alcune specie, come nel cavallo: essa è inoltre priva di vasi.

Mentre l'uovo di gallina ha in sè tutti i materiali per la nutrizione e l'accrescimento dell'embrione, quello de' mammiferi è talmente piccolo, che deve procurarsi questi materiali dalla stessa madre, colla quale fa d'uopo stabiliscasi comunicazione vascolare. Perciò ne' primi tempi della gestazione in una o più parti dell'utero si forma un'essudazione di materia concrescibile, nella quale penetrano numerosi vasi dell'utero stesso: e nella corrispondente porzione dell'esterna membrana fetale (corion) si adunano, si sviluppano, si intrecciano i vasi ombelicali (que' medesimi che nell'embrione di pulcino appartengono all'allantoide); e così formansi due strati vascolosi detti placente (una materna, l'altra fetale); mediante i quali è provveduto alla nutrizione del feto. La distribuzione ed il numero delle placente fetali è varia ne' differenti ordini di mammiferi. In alcuni, come nell'uomo, la placenta è unica, grossa; e la rimanente porzion del corion è liscia: in altri, come ne' cammelli e ne' cavalli, essa è disseminata sotto forma di un velluto vascolare su tutta la superficie del corion; nelle vacche e nelle pecore le placente sono molto numerose e sparse a guisa di isole rilevate. In tale stato hanno preso il nome di cotiledoni.

Negli embrioni de' marsupiali il corion è liscio e senza vasi, e non esiste placenta. Per compenso è molto sviluppata la vescica ombellicale co' suoi vasi onfalomesenterici; e verso la fine della breve vita uterina anche l'allantoide, co' suoi vasi ombellicali.

Meglio che ogni ulteriore parola a spiegare i rapporti fra l'embrione ed i suoi inviluppi nel feto de' mammiferi, varrà la qui unita figura.

Dovendo noi qui arrestarci, senza aggiungere un cenno sul particolar modo di sviluppo degli animali delle altre classi, prendiamo dalla rinomata opera del sig. Kölliker sull'embriogenia de' cefalopodi il seguente schema generale, abbreviato affinchè stia nelle proporzioni della mole e dello scopo di questo libro.

L'embrione si sviluppa:

A. da una parte primitiva: egli cresce

a) per due lati simmetrici (evolutio bigemina): le lamine dorsali

1. si riuniscono .... Vertebrati

2. restano aperte e si convertono in arti .... Articolati

b) equabilmente in tutte le direzioni alla superficie (evolutio radiata)

Molluschi

B. da tutte le parti contemporaneamente (evolutio ex omnibus partibus) Vermi e Raggiati.

Paragonando i varj stadj transitorj della vita embrionale degli animali superiori co' caratteri propri e permanenti delle classi inferiori, alcuni naturalisti hanno creduto vedervi le più strette analogie; e quindi non han temuto d'asserire che l'uomo innanzi la nascita è un infusorio che si sublima fino al più alto grado dell'animalità passando pe' gradi intermedj. Questa speciosa teoria ha ricevuto un appoggio momentaneo da una scoperta che ha fatto grande strepito, quale si è quella dell'esistenza di piccole fenditure trasversali ai lati del collo nell'embrione degli uccelli e de' mammiferi, non escluso l'uomo. Il celeberrimo fisiologo Rathke, autore di questa scoperta, ne ha subito tratto la conseguenza che l'embrione di quegli animali è munito di vere branchie, come lo sono i pesci; per altro l'osservazione diligente e spregiudicata ha dimostrato in seguito come quelle fenditure altro non siano che gli spazi fra la mascella inferiore, l'joide e le prime coste; ed i pretesi archi branchiali null'altro che i rudimenti di quelle ossa.

§ 10. Cura de' figli.

Tutta quella mirabile scena di istinti, di passioni, di godimenti, quella pompa di vesti e di colori che la natura dispiega nelle nozze degli animali, tornerebbe a nulla se non vi succedesse l'opera più tranquilla e secreta di proteggere, difendere, nutrire i frutti di quelle nozze. Senza le pietose cure de' genitori, i neonati non vedrebbero il giorno che per morire subito dopo. I maschi però non prendono in generale che pochissima od anche nissuna parte a queste cure, che formano invece per le madri un dovere imprescindibile, e la più soave compiacenza della vita.

Un'intiera classe di animali, la prima nella serie, è contraddistinta da organi appositi per la nutrizione de' figli dopo la nascita: cioè dalle glandule mammarie che secernono il latte. Queste glandule sono varie in numero, e variamente disposte: or sul petto, or sul ventre, ora agli inguini. Stanno immediatamente sotto la pelle; ma in alcuni animali, come ne' cetacei e ne' marsupiali, sono anche ricoperte da un sottile strato di fibre muscolari. I condotti escretori di esse si aprono direttamente all'esterno, all'estremità di una papilla più o meno lunga e sviluppata, che dicesi capezzolo; oppure in una cavità posta entro la glandula stessa, detta seno della mammella, e destinata a servir di ricettacolo per una certa provvigione di latte. Tale è appunto il caso delle nostre comuni vacche

Le glandule mammarie sono possedute anche da' maschi, per altro pochissimo sviluppate e non funzionanti. Non sono però molto rari i casi del contrario; e recentemente il sig. Schlossberger fece un accurato esame del latte spremuto da un caprone.

Il numero de' capezzoli non corrisponde a quello delle mammelle; generalmente esso è in relazione colla quantità normale de' prodotti di ogni parto; e quindi, ridotto a due soli nell'uomo, nelle scimmie, ne' pipistrelli, oltrepassa perfino i dieci in alcuni rosicanti e marsupiali. I soli monotremi non hanno capezzoli.

L'afflusso di sangue all'utero, per i rapporti che si devono stabilire fra questo viscere ed i prodotti del concepimento, determina per consenso un afflusso dell'istesso umore alle mammelle. Gli acini di queste glandule da prima piccoli e contratti, si rigonfiano a poco a poco, e stillano pe' condotti un liquido biancastro albuminoso, che alla fine della gestazione prende i caratteri del vero latte. Questo latte, che è un umore bianco, più denso dell'acqua, di sapore e odore particolare e vario secondo le specie, osservato al microscopio si dimostra costituito da una moltitudine immensa di globuli nuotanti in un liquido (globuli proprj del latte), e formati da un inviluppo di materia azotata (caseina), con un contenuto di grasso. Oltre questi globuli v'hanno cellule staccate di epitelio, ed in alcuni casi abnormi, perfino globuli di sangue, di pus ed anche infusorj.

L'esame chimico del latte ci fa riconoscere, oltre una gran dose d'acqua tenente in soluzione varj sali, soprattutto fosfati (necessarj alla formazione delle ossa de' neonati), una sostanza quadernaria azotata detta caseina; una ternaria non azotata grassa e che forma il butirro; ed un altro composto parimenti non azotato che dicesi lattina, od anche zuccaro di latte pel suo sapore e per la sua facilità a cristallizzare. Ciò nel latte maturo, fresco ed appena munto. Nel primo latte, o colostro, raccolto o poco innanzi, o subito dopo il parto, l'albumina sta in luogo della caseina, nella quale si trasforma più tardi. Ed è noto ciò che avviene nel latte dopo la sua estrazione, abbandonato alla quiete in un vaso. Il grasso si porta alla superficie; la sostanza zuccherina si acidifica, trasformandosi in acido lattico, che produce poi la coagulazione della materia caseosa.

Le diverse qualità che presenta il latte nelle varie specie de' nostri quadrupedi domestici, dipendono principalmente dal genere di nutrimento dell'animale; e consistono tanto nel variar delle proporzioni de' componenti ordinarj del latte stesso, come in trasformazioni subíte da uno di questi componenti. Così p. e. la caseina è più abbondante nel latte de' carnivori che in quello degli erbivori; diminuita invece è la quantità dello zuccaro di latte, e questo non più cristallizzabile. Oltre ciò deve tenersi calcolo dell'aggiunta di qualche leggier traccia di principj particolari; così p. e. il latte delle capre deve l'odore ed il gusto suoi proprj ad un acido organico detto acido ircico.

L'istinto guida la nuova creatura a cercare il capezzolo materno ed a succhiare. Ne' marsupiali per altro, che partoriscono i figli cotanto immaturi, e ne' cetacei, l'allattamento sembra passivo per parte de' figli stessi. Lo strato muscolare che abbiamo veduto coprire in questi animali le ghiandole mammarie, spinge mediante la sua contrazione il latte nelle fauci de' neonati.

La durata della secrezione del latte varia secondo lo svuotamento periodico e regolare delle mammelle, la prosperità dell'individuo, e l'intervallo ad un nuovo concepimento.

Fuori della classe de' mammiferi non s'incontra più un organo che rappresentando, quanto alle funzioni, la glandula del latte, somministri materiale di nutrimento alla prole. Le madri provvedono allora o recando ai figli deboli ed inetti il cibo ch'esse hanno saputo raccogliere per la campagna, o collocando le uova in mezzo a' magazzini naturali dove gli animaletti appena dischiusi trovino alimento copioso e pronto; ovvero con previdenza ancor più maravigliosa, chiudendo nel ricovero delle uova una provvigione di cibo sempre sufficiente.

È oggetto per tutti di tenera curiosità lo spettacolo degli uccelli che imbeccano i loro piccini. E si è tentati d'accusar la natura del barbaro istinto accordato al cuculo di deporre le uova ne' nidi altrui, e quello più barbaro ancora del cuculo appena sbucciato, di cacciar dal nido i suoi fratelli spurj, per rimanervi solo ed assoluto, quantunque men legittimo padrone. In alcune famiglie di uccelli, soprattutto dei gallinacei e de' trampolieri, i pulcini appena sgusciati seguono la madre in traccia del nutrimento che essi medesimi raccolgono dal terreno.

Ne' rettili, ne' pesci, ne' molluschi, ne' crostacei, i novelli individui non trovano imbarazzo alcuno a procacciarsi l'alimento, di cui hanno abbondanza all'intorno, nell'istesso mezzo, nelle stesse località dove fanno dimora i genitori. Ma nella grande classe degli insetti, e particolarmente in quegli ordini caratterizzati dalla metamorfosi completa che subiscono le larve molli, inerti, vermiformi, innanzi vestire la forma de' genitori, è dove maggiormente si ammira la sapienza inesauribile della natura, l'istinto preveggente delle madri. Noi vediamo le farfalle depositar costantemente le uova sopra una medesima specie di pianta, delle cui foglie devono nutrirsi le larve appena sbucciate. Le femmine di molti coleotteri insinuano le uova nel legno, scegliendo sempre in una stessa pianta la porzione più ricca di albumina, che è il vero nutrimento delle future larve: sapienza così funesta talvolta alle opere dell'industria umana! Una famiglia intiera di imenotteri, quella degli icneumonidi, è rinomata per l'istinto delle femmine di deporre le uova sotto la pelle delle larve delle farfalle, che sono poi rose e distrutte da' bachi sbucciati nel loro seno. Altri, ed assai più numerosi di quest'ordine di insetti, costruiscono invece alle loro uova un apposito nido in cui rinchiudono la scorta di cibo alle nasciture larve. Per lo più consiste quella scorta in altri insetti o piccoli ragni previamente uccisi o tramortiti dall'aculeo di cui le femmine di quegli imenotteri sono fornite (V. il Corso Elementare, pag. 263).

Verso altri animali, specialmente delle classi inferiori, la natura fu matrigna. Le femmine o per deficienza di istinto, o per la vita precaria cui sono condannate, sebbene straordinariamente feconde, non possono assicurare ai loro figli i mezzi per lo sviluppo normale. In poco tempo sarebbero sparite queste generazioni dalla faccia della terra, se la sapienza divina non avesse provveduto con altre leggi affatto particolari, ben degne della più alta nostra maraviglia, e delle quali troveremo nel paragrafo seguente una succinta esposizione.

§ 11. Generazioni alternanti.

Noi abbiamo veduto che la natura provvede in differenti modi alla propagazione delle specie. Non calcolando anche quello raro o problematico della scissione spontanea di uno in due o più individui, la generazione per gemme è un fatto estremamente comune nelle classi inferiori del regno animale, dove è mantenuta eziandio la legge normale della generazione per uova. Anzi una medesima specie possiede assai comunemente le due facoltà di produrre gemme ed uova; ma sempre in tempi differenti, e con ordine alterno. Gli individui gemmipari hanno per lo più caratteri che li distinguono affatto dagli individui ovipari, per rispetto dei quali sono da considerarsi come giovani larve. In grazia di questa mutabilità grandissima di forma e di proprietà ne venne che spesse volte una sola e medesima specie fu rescissa da' naturalisti in due o tre diverse; e descritta perfino in generi ed in classi differenti. Dobbiamo a varj zoologi moderni importantissime osservazioni su questo argomento, le quali hanno sparso una luce nuova sulla natura e sul genere di vita di molti ordini d'animali, e su varj fenomeni da prima affatto misteriosi. Noi ne faremo qui un riassunto storico accennando anche alle più importanti loro deduzioni.

Fra queste osservazioni, le più antiche risalgono press'a poco a trent'anni addietro, e sono quelle istituite da Chamisso sulle bifore: esseri singolari che riuniti d'ordinario in lunghe catene, galleggianti alla superficie dell'oceano, rallegrano colla loro fosforica luce le notti estive dei mari. Ma non sempre le bifore vivono in tal modo aggregate. Si incontrano individui isolati, la cui struttura è diversa da quella delle bifore sociali; mancando loro a mo' d'esempio, le parti che mantengono congiunti gli individui di una catena.

Ogni specie trovasi ne' due stati d'isolamento e d'aggregazione; ma il maraviglioso delle osservazioni di Chamisso consiste nell'ordine alterno di queste differenti generazioni. Ogni individuo isolato produce per gemme una piccola famiglia di bifore sociali: ciascun membro di questa partorisce per uova, sviluppate nell'utero materno, un individuo vivente isolato. Questi animali passano adunque per due distinti periodi vitali; quello d'isolamento possiamo chiamarlo stadio di larva; essi generano anche in questo primo loro stadio; ma con un modo differente da quello che è proprio degli adulti.

La scoperta di Chamisso non fu ricevuta con piena fiducia; e fu d'uopo veramente che un distinto zoologo di Amburgo, il dottor Krohn, recatosi a bella posta sulle coste della Sicilia, or sono pochi anni, venisse a ricollocarla nella sua vera luce, ed a splendidamente conformarla.

Durante questo intervallo, Milne Edwards assoggettava alle acute sue investigazioni altri esseri organici, affini per molti gradi alle bifore, ma non più liberi e nuotanti al pari di queste, bensì come le ostriche aderenti alle pietre e ad altri corpi immersi nelle acque del mare. Tali sono le ascidie, di cui alcune vivono isolate; altre sociali, cioè ben distinte singolarmente ed appena congiunte fra loro per altrettanti peduncoli: infine vi hanno ascidie composte, formate da molti individui riuniti da un inviluppo comune in masse subglobose, con tante aperture stellate corrispondenti ai due orifizj di ciascun individuo.

Era noto soltanto il propagarsi per uova di questi animali, quando Milne Edwards pervenne a scoprirvi anche la moltiplicazione per gemme, le quali, portate da un lungo picciuolo, e nascoste sotto la tunica esteriore, non son fatte palesi che dallo scalpello anatomico.

Nelle ascidie semplici, gli embrioni appena sbucciati presentano un corpo subgloboso munito di una lunga coda guizzante, così che pel loro esteriore, ed affatto in miniatura, ricordano i girini delle rane, o più esattamente certi infusorj detti cercarie dalla coda di cui sono forniti. Questi embrioni nuotano per poco, indi si fissano su di un corpo, e per una serie graduata di successive mutazioni convertonsi in un'ascidia perfettamente organizzata: questo termine è raggiunto assai più presto dai novelli individui prodotti per gemme. Nelle ascidie sociali e composte, le giovani larve possono esse medesime suddividersi in piccoli bottoni raggruppati secondo un certo ordine, e dai quali si costituisce infine una piccola famiglia di individui aggregati. Il curricolo vitale delle ascidie si compone quindi di tre principali periodi: da prima quello di larva o di infusorio, poi quello che possiamo chiamar di vegetazione, durante il quale le ascidie sono gemmipare; ed infine lo stadio nuziale in cui si pronuncia il sesso, e la propagazione delle specie si effettua col simultaneo concorso delle uova e del liquor seminale. Chi fosse bramoso di più estesi particolari sull'istoria di questi animali, consulterà con sua grande soddisfazione i lavori di Sars, di Milne Edwards, e di VanBeneden.

La generazione per gemme è da lungo tempo riconosciuta nelle scuole come ordinaria e generale per quegli animali che si dicono polipi. Le idre delle acque dolci, tanto famose dopo le esperienze di Trembley, ne offrono il più chiaro, il più ovvio esempio; ma le idre stesse pervenute al massimo loro sviluppo riproduconsi per uova: alcune che sono gemmipare in primavera, sono ovipare l'autunno.

La vicenda delle idre si ripete più complicata nelle meduse, al pari delle bifore, abitatrici dell'oceano. Le meduse emettono uova; ma dalle uova nascono piccoli animaletti per nulla rassomiglianti ai progenitori, sorta di semplicissimi infusorj, sparso il corpo di ciglia vibratili, col sussidio delle quali nuotano. Dopo breve tempo di vita libera e vagante, questi infusorj si fanno aderenti a' corpi stranieri: su cui fissati una volta, perdono le ciglia, si trasmutano in veri polipi idrarj, dei quali hanno la forma complessiva non solo, ma anche la facoltà di moltiplicarsi per gemme. Infatti questi polipi emettono qua e là piccoli bottoni che in breve si modellano sul tipo medesimo dell'individuo che li sorregge, dal quale infine si distaccano. Ciò avvenuto, ogni nuovo rampollo ne riproduce altri consimili, infino a quando, col favore delle circostante ambienti, i novelli polipi staccati dal corpo sul quale hanno germogliato, si trasmutano nelle pristine meduse, fluttuanti in balía delle onde. In questo breve abbozzo è rappresentata la storia forse di tutti quegli animali raggiati che i zoologi dicono acalefi, od ortiche di mare, e di una gran parte di quelli cui danno il nome di polipi idrarj i quali non sarebbero che acalefi nello stadio di larva vegetante.

Le più complete osservazioni sopra queste singolari metamorfosi devonsi al norvegio Sars, riconfermate ed estese su di molte specie da Siebold, da Steenstrup, da Löwen, da Van Beneden e da Dujardin. Quest'ultimo autore riconosce una tale rassomiglianza fra le meduse nel loro periodo di vegetazione, e le idre d'acqua dolce, che non concedendo a queste in nessun tempo una propagazione per vere uova, le considera appunto come giovani meduse perpetuantisi sotto la forma propria di questa età e non mai toccanti lo sviluppo compiuto, per le condizioni del mezzo in cui vivono; egli crede perfino non impossibile il collocare queste idre in tali circostanze per le quali giungano infine alle forme ed alle proprietà delle meduse; ed in questo caso soltanto, giusta il suo pensiero, avrebbero adempimento le vere funzioni sessuali.

Ammirata la serie di queste diverse forme, corrispondenti ad altrettanti stadj vitali degli acalefi, noi troviamo confermata ancora l'osservazione già fatta nelle bifore sulle due differenti maniere di riproduzione per gemme e per uova, non mai contemporanee, ma successive, in modo che l'apparizione delle uova è un contrassegno del compiuto sviluppo degli individui.

Aggiungiamo a questo punto un'altra importante considerazione sulla durata di ciascheduno di questi stadj vitali: essa non è invariabilmente prestabilita, come negli insetti, ma invece tutta dipendente dalle circostanze esteriori. Limitiamoci pel momento a fissar la nostra attenzione sopra questo fatto che vedremo fra poco replicarsi in un'altra categoria di esseri.

Analoghe trasformazioni subiscono probabilmente gli animali di altri ordini di raggiati: la forma di infusorio sarebbe comune a tutti nel primo loro stadio; almeno lo accertano le belle indagini di Baer sui ricci di mare, e quelle di Sars e di G. Müller sulle asterie.

La formazione e lo sviluppo di vermi parassiti nelle cavità viscerali e perfino nella polpa stessa de' tessuti degli animali, rimane sempre un mistero. Ormai è nota non solo, ma celebre, la teoria abbracciata quasi per ultimo rifugio da molti e valenti fisiologi, e che ammette la formazione spontanea di quegli esseri. Nessun argomento decisivo è venuto finora in appoggio di questa dottrina; grande invece è il numero de' fatti discutibili, dai quali per questa preconcezione si può trarre una seducente apparenza di vero dimostrato.

Ora veggiamo quali speranze di trionfo lascino ancora a questa immaginosa teoria le pazienti ed acute osservazioni di alcuni moderni, fra i quali convien segnalare i signori Siebold e Steenstrup.

I nostri comuni molluschi d'acqua dolce, distinti da' naturalisti co' noni di Planorbis, Limnæus, Paludina, contengono assai sovente nel loro fegato, nel loro intestino, una moltitudine di piccoli animaletti quasi microscopici, la cui forma non si allontana da quella che già conosciamo nelle larve di ascidia: questi animaletti diconsi cercarie. Il loro corpicino che in istato di quiete è subovale compresso, offre due aperture, come que' vermi intestinali chiamati appunto distomi da questo carattere: ma è fornito di una coda agilissima nei suoi movimenti. Ora queste cercarie sono appunto destinate a convertirsi in distoma; ciò che avviene per una serie di metamorfosi oltre ogni dire interessante.

Queste cercarie trovansi spesso nelle viscere de' loro ospiti non già libere, ma radunate in sacchetti particolari; e dentro i quali hanno avuto la loro origine da germi. Ma questi medesimi sacchetti da principio hanno la forma, la struttura, le proprietà di veri esseri organici viventi; essi godono di movimenti propri, lenti bensì e deboli, ma pur distinti: hanno una specie di succhiatojo orale, ed una seconda apertura per l'uscita dei corpi generati entro di loro. Questi strani corpi, veramente organizzati, ricevettero da principio il nome di sporocistidi viventi. Steenstrup li chiama nutrici (Ammen).

Il genere di vita che loro è particolare va mano mano languendo, collo sviluppo delle cercarie che vi stanno rinchiuse; ed infine queste rompono la fragile membrana della loro prigione un tempo animata e vivente, e spandonsi per le cavità viscerali del mollusco di cui sono parassite.

Alcune di queste nutrici o sporocistidi contengono entro la loro cavità i germi non già delle cercarie, ma di altre nutrici, le quali alla lor volta sviluppate, rinchiudono i germi delle cercarie, e producono infatti a tempo debito una numerosa famiglia di questi animalucci. Queste sporocistidi viventi che ne producono altre simili, sono chiamate pronutrici (Grossammen).

Adunque da una di queste pronutrici o sporocistidi madri, producesi una famigliuola di altre nutrici; da ognuna di queste poi un numero più o meno grande di piccole cercarie. Resta ora a conoscere il principio ed il fine di questa serie di successive generazioni; a sapersi cioè d'onde provengono le pronutrici; e cosa diventano le cercarie col progresso del tempo.

Non si è veduta finora la serie ordinata e intiera di queste fasi in una sola e medesima specie di vermi; ma ravvicinando, colla guida delle più evidenti analogie, i periodi riconosciuti positivamente in varie specie affini tra loro, il quadro di queste metamorfosi risulta sufficientemente completo.

Siebold osservò che dalle uova del Monostomum mutabile escono piccole larve aventi l'apparenza di infusorj, ognuna delle quali si trasforma in un essere analogo affatto alle nutrici di Cercaria armata, che formarono principale soggetto delle ricerche di Steenstrup. Abbiamo quindi fondamento per credere che anche le nutrici di queste cercarie provengano da un embrione che ha forma di infusorio. Queste cercarie libere dal loro inviluppo, abbandonano anche le cavità viscerali del piccolo mollusco di cui non cessano per ciò dall'esser ospiti. Steenstrup le ha vedute guizzare attorno di esso; e dopo un breve lasso di tempo fissarsi sopra i suoi tegumenti, ed anche penetrarvi, pel quale atto perdono la coda, e così si rendono ancor più rassomiglianti a piccoli distomi. Fissate in tal modo le cercarie, si circondano di una densa mucosità per il che diventano più trasparenti; ed in questa specie di bozzolo passano una lunga stagione, paragonabile ad un vero stadio di crisalide.

La successiva trasformazione di queste cercarie non fu per anco osservata con assoluta certezza; ma in tal caso possiam confidare nella più stretta analogia con altre specie in cui questo punto di carriera vitale è meno oscuro. Attenendosi a questo partito, possiamo ammettere, con probabilità di non errare, che le cercarie escite dal loro stato di crisalide, devono infine convertirsi in un distoma perfetto, con organi sessuali ben distinti. Ora di questi organi non vi ha traccia alcuna ne' distomi che rinvengonsi nelle viscere de' molluschi: nel mentre sono bene sviluppati, e capaci delle loro funzioni delle specie congeneri che sono parassite di animali più elevati, per esempio di uccelli acquatici, che nutronsi dei molluschi stessi. Non è certo improbabile che i piccoli distomi di questi molluschi arrivino al completo loro sviluppo nel solo caso che un altro animale più perfetto, per esempio un'anitra, mangiando il mollusco ed i suoi parassiti, offra a questi un nuovo ricovero, e più copioso e più adatto nutrimento, col favor del quale gli apparati sessuali a poco a poco si sviluppano.

Questo passaggio da un ospite ad un altro, e questo mutamento di condizioni sono dimostrati eziandio per altra sorta di vermi. Que' vermicciuoli filiformi che trovansi tanto comunemente nelle viscere degli insetti, non sono già vere filarie, come pretendono alcuni naturalisti, ma gordii o mermidi che vi sono nati, vi si nutrono, ed alla prima opportunità ne escono per vivere quindi nell'acqua o nella terra umida de' campi, dove appena giunti danno opera alla produzione di un gran numero di uova. Lo stesso deve dirsi, con tutta probabilità, del gringo, o filo de' contadini lombardi, che il Prof. G. BalsamoCrivelli ha fatto conoscere col nome generico di Autoplectus (Mem. dell'Istituto Lombardo, vol. 11).

Anche le filarie che ne' paesi caldi dell'antico continente si introducono sotto la pelle dell'uomo e vi diventano causa di così gravi infiammazioni, sono parassite o no secondo gli stadj della loro vita: con questo di strano che finora di quanti individui parassiti furono esaminati non si trovarono che femmine. Sarebbero queste altrettante nutrici?

Una delle nostre più comuni specie di pesci (l'Acanthopsis tœnia), presenta spessissimo delle cistidi nere nella spessezza de' suoi tegumenti, dalle quali aperte estraesi un piccolo vermicciuolo che gli elmintografi ascrivono al genere Holostoma: questo verme non ha che rudimentale la parte del corpo destinata a ricevere gli organi della generazione. Dalla sua posizione, da' suoi inviluppi, e più ancor dalla costanza e permanenza dei suoi caratteri, si può arguire che le indicate cistidi non sono uova nelle quali il piccolo vermicciuolo siasi sviluppato. Questo vermicciuolo deve aver vissuto in uno stadio antecedente, sotto un'altra forma, munito forse allora di organi appositi per traforar la dura pelle del suo ospite, ed innicchiarvisi: in questa specie di bozzolo egli passa uno stadio di durata assai variabile, e che ben si può chiamar di crisalide: infin che un martin pescatore, non venga a piombar sul pesciolino e ad ingojarlo coi suoi parassiti: questi nella nuova dimora giungono a perfetto sviluppo ed allora soltanto possono generare per uova. Gli olostomi perfetti si incontrano realmente nel solo tubo intestinale di uccelli piscivori.

Secondo le osservazioni di Creplin, una specie particolare di piccola tenia che infesta le viscere di uno spinarello (Gasterosteus), non porta mai organi sessuali: questi però sviluppansi prontamente nelle istesse tenie passate nell'intestino degli uccelli acquatici che mangiano di quei pesci.

Aggiungiamo ancora come secondo ogni probabilità le differenze che sembrano grandissime fra una tenia dell'uomo, del cane, ed un verme idatigeno (Cisticercus), non siano ad altro dovute che alla differente sede di un medesimo verme, cui nel parenchima degli organi, per difetto di nutrimento, non si possano sviluppar gli anelli destinati agli organi riproduttivi, ed in lor posto si forma una vescica rigonfia d'acqua. La cosa avviene affatto diversamente se la tenia fissa il suo soggiorno nell'intestino, dove per l'ampiezza della dimora e per il nutrimento copioso, le parti destinate al sesso non tardano a svilupparsi enormemente; e la tenia arriva a quella sterminata lunghezza che eccita così di spesso in noi una maraviglia mista di spavento.

L'influenza grandissima del nutrimento sullo sviluppo degli animali, ed in particolar modo degli organi sessuali, è forse in nessun caso così manifesta come in una società di api. Tutti sanno come questa si componga di un gran numero di individui neutri, che sono le api operaje: di pochi maschi, e di una sola femmina che è il centro delle azioni e delle cure di tutta la numerosa famiglia. Ora se questa femmina muore, e nelle celle dell'alveare non trovisi una larva predestinata a diventar una femmina, le api neutre si adoperano con sollecitudine attorno ad una larva della loro categoria, e ne ingrandiscono la cella, e le apprestano nutrimento più succoso e più abbondante, per le quali cure l'insetto alato in cui la larva stessa si trasmuta, non è più un individuo privo di sesso per l'atrofia delle parti femminee, come sono le api operaje; ma è divenuto una femmina atta a procreare, e che subito nata riceve gli omaggi di regina.

Ma torniamo per un istante alle larve gemmipare delle meduse; alle sporocistidi viventi delle cercarie, di cui già conosciamo la storia. Per quanto maravigliose ci sembrino le loro vicende, esse non costituiscono un fenomeno affatto nuovo, come per un ravvicinamento assai ingegnoso ha dimostrato Steenstrup. Si ammira da lungo tempo una serie di vicende consimili nella carriera vitale de' gorgoglioni, od afidi. Dalle uova deposte in autunno da questi insettucci, nascono in primavera delle femmine vivipare, i cui piccini sviluppati in breve tempo sono essi pure vivipari, e così di seguito hanno luogo da otto a nove generazioni di femmine, senza il concorso di un sol maschio: e l'ultima soltanto di questa serie annuale di generazioni, produce maschi e femmine in giusta proporzione, destinati come sono a preparar le uova feconde per la seguente primavera

È evidente che le larve germoglianti delle meduse, le sporocistidi delle cercarie, le femmine vivipare de' gorgoglioni, sono esattamente paragonabili quanto alla loro destinazione nell'economia della natura: tutte sono nutrici o pronutrici, secondo che i prodotti cui danno origine sono vere larve destinate a trasformarsi immediatamente nell'animale perfetto, oppure sono altre nutrici. Questo complesso di fenomeni fu chiamato da Steenstrup, propagazione per generazioni alternanti. Di certo non è molto limitato il numero di questi esempj negli animali inferiori; sebbene siano ancora scarsi quelli pervenuti a nostra conoscenza.

Noi abbiam già detto che la durata di alcuni di questi stadj dipende dalle circostanze esterne. Consideriamo la maggior parte de' polipi idrarj come larve di meduse: molti di essi durano un tempo lunghissimo indefinito, innanzi trovar le condizioni opportune per subir l'ultima metamorfosi, od anche muojono innanzi questa. Distomi, tenie, olostomi, che sono privi di sesso nelle viscere de' molluschi o de' pesci, devono attendere il beneplacito di un uccello o di un quadrupede acquatico, per acquistar le facoltà degli animali perfetti. Ora è appunto per ciò che la natura ha dato in queste sorta d'animali, ad ogni essere sbucciato dall'uovo la facoltà di propagarne una serie numerosa di altri, la cui sorte ulteriore è in sì gran parte affidata al caso; un solo degli esseri così procreati che pervenga al fine della sua carriera, corrisponde numericamente all'uovo da cui ebbe la prima origine, e questo è sufficiente perchè lo scopo della natura sia adempito.

Le larve degli insetti non si moltiplicano; ma di quante cure, di qual maraviglioso istinto non danno prova i loro genitori, per assicurarne la vita! Gli afidi esposti alle offese di mille nemici, alla inclemenza delle stagioni sono in posizione quasi eccezionale: e quasi eccezionale del pari è il modo col quale abbiamo veduto provveder la natura al mantenimento di questo genere di insetti. Per lo contrario veggiamo che negli animali raggiati la propagazione per generazioni alternative forma il caso normale: ora, secondo le ricerche di Sars, questo modo di propagazione non ha luogo in una specie d'asteria (Echinaster sanguinolentus) nella quale gli embrioni sono protetti dal corpo della madre fino al completo loro sviluppo: anche in questo caso la custodia materna rende inutile la prolificità degli embrioni.

Risulta eziandio da queste osservazioni che un animale non potrebbe dirsi pervenuto alla completa sua organizzazione, se non quando è munito degli organi sessuali. Anzi potremmo arguire perfino che gli individui ne' quali non esiste alcuna traccia di queste parti, non sono esseri completi; bensì larve in corso di sviluppo ulteriore, ed aspettanti per questo l'opportunità delle circostanze.

Ma accade talvolta un altro e più strano caso. Gli animali acquistano nell'ultimo stadio della loro vita gli organi sessuali col sacrifizio più o meno completo degli organi digerenti. Potremmo scegliere qualche esempio di queste singolarità nella classe degli insetti, ma preferiamo desumerlo da un genere di anellidi che ci presenta anche il fenomeno delle generazioni alternanti.

O. F. Müller aveva osservato in un verme di mare della famiglia delle nereidi la formazione di un nuovo individuo all'ultimo segmento dell'estremità caudale e la sua consecutiva separazione. Questo caso, che è interpretato da alcuni come una vera scissione d'un individuo in due, si risolve in vece nella formazione, all'estremità posteriore del corpo, di una gemma che rappresenta quasi sul principio un nuovo segmento del corpo stesso. Il sig. Quatrefages ebbe a convalidare questa osservazione; ma scoperse nel medesimo tempo che l'individuo produttore di questa gemma terminale non ha alcuna traccia di organi sessuali, ed invece sviluppatissimo l'apparato nutritivo; mentre nel nuovo individuo questo apparato è quasi intieramente atrofico, e la cavità viscerale non ad altro destinata che a contenere gli organi della generazione. In un altro genere affine (Myrianide) il sig. Milne Edwards ha verificato la stessa cosa, colla differenza che non un individuo solo, ma una serie di molti si produce successivamente in tal modo. Questi del pari emettono col tempo o uova o spermatozoidi, e così generano nuovi individui che ricominciano la propagazione per germogli, e via di seguito. Noi ci troviamo ora assai imbarazzati per decidere quali di queste due sorta di individui rappresenti l'animale completo; poichè nessuno lo è. Questa separazione degli organi e delle funzioni sopra individui differenti è ben un fenomeno maraviglioso, degno dell'ulteriore studio del naturalista filosofo.

§ 12. Generazione spontanea.

L'apparizione inaspettata di piccoli animali, in casi ed in circostanze che ne rendono, almeno al volgo, misteriosa la vera provenienza, ha servito di fondamento ad un'ipotesi antichissima, secondo la quale è ammesso che alcuni animali possano formarsi dal semplice fortuito concorso degli elementi, senza l'opera di progenitori. Contribuì non poco al favore di questa teoria il vedere per lo più generarsi questi animali nella dissoluzione di altri organismi, nella fermentazione lenta di sostanze organiche. Non sembrò sufficiente il vedere fra questi due fenomeni una relazione qualunque: ma si volle che uno dipendesse immediatamente dall'altro: che i principj sprigionantisi colla fermentazione, trovandosi allo stato nascente, tendessero con particolare energia a combinarsi di nuovo, ed a generare così altri corpi organici. L'aberrazione della mente fu spinta da alcuni filosofi sino al punto di indurli ad asserire che tutti gli animali della terra, non escluso l'uomo, abbiano avuto questo primitivo modo d'origine!

Non è a credersi quanto sia grande il numero de' fatti a' quali si è voluto appoggiare questa teoria! Un volume appena basterebbe a farne l'enumerazione: ma la maggior parte si riducono a due generi di fenomeni che sono anche fuori di dubbio i più illudenti ed oscuri.

Un bicchiero d'acqua pura, anzi distillata, che al più forte microscopio non dimostra contenere la più piccola traccia d'un corpo eterogeneo, abbandonato a sè all'influenza della luce solare, non tarda molto a presentare una moltitudine di corpi organici, visibili anche ad un microscopio di mediocre forza. I germi di questi corpi non possono derivare che dall'acqua o dall'aria. Or si è creduto bastar l'ebullizione o la distillazione per distruggere ogni germe organico nell'acqua: e sufficientemente esclusa l'aria dal prender parte al fenomeno, facendo che avesse luogo in un vaso chiuso, o sostituendo all'aria stessa altro gas. È ben lungi dall'esser provata la realtà di queste supposte condizioni; e d'altronde dalle ricerche di varj micrografi, e soprattutto da quelle numerose dell'infaticabile sig. Ehrenberg, si ricavano dati che rendono per lo meno inutile l'affaticarsi dietro una teoria che dissuona tanto dalle leggi ordinarie della natura. Tali sarebbero la presenza nell'aria non solamente di germi, ma ancora di alghe e di infusorj viventi, dimostrata dall'esatta analisi microscopica che il prelodato naturalista ha istituito del pulviscolo atmosferico; e la straordinaria fecondità di questi esseri organici, appena siano caduti in circostanze opportune al loro sviluppo.

Il sig. Ehrenberg ha avuto la pazienza di studiare la produttività di un rotifero durante il corso di 18 giorni; ed ha veduto nello spazio di 2430 ore quest'unico individuo produrre 4 figli; e ciascuno di questi ne' casi normali, quadruplicarsi del pari in egual spazio di tempo; e così di seguito. Ritenendo stabile questa legge, ne viene che una sola madre può al decimo giorno aver data origine ad un milione di rotiferi; al 20.° ad un billione; al 30.° ad un trillione, ecc. ecc. Supponendo a questi animaletti un involucro siliceo, o calcareo, quale è posseduto da' varj infusorj poligastrici, si può calcolare che un solo di essi, nello spazio di un mese può moltiplicarsi in modo, che gli inviluppi della sua prodigiosa generazione formino uno strato di farina minerale di un miglio quadrato di superficie, ed all'incirca 1 piede 3/4 di profondità!

Vedasi adunque, ciò che è capace a produrre un germe solo di un infusorio caduto dall'aria in un bicchier d'acqua, ed inavvertito da qualunque più potente microscopio, e malgrado ogni cautela d'esclusione!

Un altro genere di fenomeni ancora in gran parte oscurissimi, e tali da servir se non di fondamento almeno di pretesto alle più avventate ipotesi, è quello della produzione dei vermi intestinali. È già soggetto di maraviglia la loro comparsa in cavità liberamente comunicanti coll'esterno; tanto maggiormente lo deve essere la loro presenza in cavità chiuse, o nel parenchima de' visceri.

A questo riguardo per altro noi abbiamo già esposto nel precedente paragrafo varj fatti che spargono molta luce, e che indicano almeno qual via si debba seguire per giungere infine alla scoperta del vero, e, poichè non ci è lecito per ora abbandonar il campo delle congetture, quali di queste siano più conformi a leggi universali già riconosciute. Possiamo aggiungere, come tra i varj corpuscoli eterogenei circolanti col sangue sia facile vedere e germi ed embrioni di varj entozoi. Qual maraviglia se questi si arrestano in qualche viscere, ed ivi si sviluppano in quel modo e forma che è concesso dal nido così acquistato?

Concludiamo che se la teoria della generazione spontanea fosse conforme alla verità, essa avrebbe trovato col progredire delle cognizioni e de' mezzi di studio maggior appoggio dai fatti: le è toccata invece una sorte affatto opposta, ciò che è sufficiente a farla respingere, malgrado il fascino che essa può esercitare sulla fantasia de' giovani studiosi, e malgrado l'autorità di grandi uomini che le hanno dato un passaggiero splendore. Ex nihilo nihil. Omne vivum ex ovo.

L'UOMO E LE SCIMIE

(1864)

L'UOMO E LE SCIMIE. LEZIONE PUBBLICA DETTA IN TORINO LA SERA DELL'11 GENNAIO 1864 DA F. DE FILIPPI.

Immerfort wierderholte Phrasen sich zuletzt zur Ueberzeugung verknöcherten, und die Organe des Anschauens völlig verstumpften.

GOETHE.

La infinitamente bella e grande varietà di forme di piante e di animali che popolano ora la superficie della terra, non è apparsa tutta insieme d'un sol getto, ma è stata preceduta da una successione di altre forme diverse, di altri mondi di viventi, che hanno lasciate, a documento della loro passata esistenza, spoglie più o meno complete negli strati della corteccia terrestre.

Serviamoci pure di una locuzione assai usata; parliamo pure ancora di epoche della natura. Quando, con quella potenza che solo è data alla mente umana, si facciano rivivere le generazioni passate, e si contemplino nel loro ordine cronologico, si è colpiti da questi due fatti: che ogni grande epoca della storia fisica del nostro globo è distinta da un complesso di forme organiche sue proprie; che grandissima è la differenza fra le piante e gli animali delle prime epoche della creazione, in confronto delle forme ora esistenti; ma che, procedendo regolarmente da quelle più lontane epoche, siffatte differenze andarono mano mano scemando verso l'epoca attuale che ha per suo proprio distintivo la presenza dell'uomo.

Questi sono risultati puri e semplici dell'osservazione. Quale uso ne faremo noi? Quale sarà il senso di queste pagine del gran libro della creazione? Qui non v'è a scegliere che fra due ipotesi, che avremo il coraggio di chiamar teorie.

L'una fa intervenire direttamente nella apparizione d'ogni forma organica l'azione plastica d'una causa prima, d'una forza creatrice; e nella scomparsa di queste forme l'azione distruttiva delle rivoluzioni telluriche: fa passare la vita e la morte in periodica vicenda sulla faccia della terra, come il gesso e la spugna sulla tavola nera d'un maestro di scuola. Secondo questa teoria i tipi specifici sono inalterabili, fissi, ed al posto di quelli che si sono estinti, altri sono ricomparsi successivamente per nuova immediata creazione.

Come facilmente concepite, o signori, questa teoria si risolve in una serie di postulati per loro natura non discutibili; è di una semplicità che innamora, ma d'una semplicità che inganna. Respinge tutte le questioni, ma è posta in estremo imbarrazzo da una che la sarcastica finezza del volgo move celiando ai naturalisti: se prima sia stato creato l'uovo o la gallina. Insomma non ha tampoco il carattere d'una teoria; è un'ipotesi grossa e spicciativa, che segue i destini della geologia cataclistica e, colla caduta ormai pronunciata di questa, ha perduto ogni fondamento, direi quasi ogni pretesto di essere.

La seconda teoria parte da un principio diametralmente opposto: dalla variabilità indefinita dei tipi specifici. Essa ammette lo svolgimento continuo e moltiforme di una creazione unica non mai interrotta, ammette pure (e come potrebbe altrimenti?) lo stesso ordine cronologico delle varie forme di animali e di piante che hanno successivamente popolata la terra, ma le deriva da un processo di semplice trasmutazione continua e progressiva e stabilisce, per esempio, fra gli animali di un'epoca e quelli di un'epoca susseguente, un nesso genetico, come fra antenati e discendenti.

Anche questa teoria è ipotetica, ma almeno è in perfetta armonia col fatto massimo dello sviluppo progressivo della creazione organica, è appoggiata al doppio principio filosofico dell'azione costante e del minimo d'azione e le sue premesse fondamentali sono discutibili coll'appoggio di fatti che si rinnovano sotto i nostri occhi.

Le difficoltà della sua applicazione a casi concreti sono ancora assai gravi, ma in massima parte dipendenti dalla grande penuria di materiali presenti e conosciuti in confronto di quelli che sono ancora nascosti all'occhio umano. Anche per questo, di affrontare coraggiosamente un mare di questioni confidando nel tempo e nelle ulteriori scoperte della scienza, questa teoria deve aver la preferenza sopra un'altra che a tutte di proposito volga il tergo.

Le prime idee sulla variabilità delle specie, sulla loro figliazione genealogica, tralucono già negli scritti di alcuni filosofi della natura del secolo scorso, in Erasmo Darwin, in Goethe, in Geoffroy di S. Hilaire, ma poi si sviluppano meglio e si combinano in corpo di dottrina nella filosofia zoologica di Lamarck. Ed è sì prepotente la naturale direzione delle scienze naturali per questa via che, malgrado la prevalente autorità di Cuvier, una sorta di fatale necessità ad abbandonar il dogma della immutabilità della specie spunta ad ogni tratto negli scritti di molti osservatori, come quei germi di malcontento delle masse che preannunciano le rivoluzioni sociali. Ed è una vera rivoluzione della filosofia zoologica quella che finalmente fu operata da Carlo Darwin, nipote di Erasmo, in un'opera che forma epoca nella scienza per la ricchezza delle osservazioni, l'acume sintetico, la irresistibile forza dei ragionamenti.

Non è mio proposito il discutere qui, e né tampoco esporre in riassunto, le idee fondamentali del celebre autore dell'Origine delle specie; solo premetterò alcuni pochi cenni fra quelli che più direttamente interessano il mio soggetto.

Non è chi non conosca l'origine di tante razze diverse de' nostri animali domestici da un unico stipite. Molte di queste razze si distinguono fra di loro per caratteri di importanza almeno uguale, soventi maggiore, di quelli sui quali sono fondate le distinzioni delle specie. Noi vediamo coi nostri occhi accidentali deviazioni dal tipo originario, direi quasi mostruosità di primo grado, fissarsi e trasmettersi per eredità e così aversi una progenie perpetuantesi, la quale è di qualche grado, e talvolta anche di grado notevolissimo, diversa dai genitori. Nel 1770, in America, un toro nato accidentalmente senza corna fu stipite di una razza, che tutt'ora si mantiene e si propaga, di buoi scornuti. Noi diciamo che questa è una razza e non una specie, perché siamo stati noi stessi testimoni della sua origine. Senza questa circostanza, quale naturalista, incontrando de' buoi senza corna in qualche remoto angolo della terra, esiterebbe a farne una specie affatto particolare od anche, più che una specie, un genere? E quante razze non distinguiamo noi, oltre che di buoi, di montoni, di cavalli, di cani, razze che l'uomo perpetua o modifica o trasforma in tante guise a suo talento, secondo i suoi propri bisogni?

È in questo modo che è sorta una vera industria che ben si può chiamare creatrice e che forma uno dei rami più importanti dell'economia rurale, industria nella quale gli Inglesi saranno sempre maestri a tutto il mondo.

Potrei citare vari altri particolari esempi, ma ne sceglierò uno solo e lo prenderò dal libro immortale sull'origine delle specie. In Inghilterra è invalsa la moda dell'allevamento di una moltitudine di razze di colombi; è invalsa con quella specie di manìa, ma con quella intelligente ostinazione che anima, fra i biondi figli di Albione, siffatto genere di passatempi. La cosa andò al punto da dare origine alla fondazione di vari clubs di colombicoltori.

Or bene, Darwin ha fatto uno studio affatto particolare delle varie razze di questi uccelli, ed ha trovato che la loro variabilità tocca veramente il maraviglioso. Il becco, il colore e la qualità della piuma, il numero delle penne timoniere, la proporzione delle remiganti, il numero delle vertebre, i caratteri delle gambe, dello sterno, i costumi stessi, tutto varia da una razza all'altra. Non v'è più un carattere che tenga fermo fra quelli che sono di maggior valore come distintivi delle specie ornitologiche.

Eppure non possiamo a meno che riconoscere la derivazione di tutte queste razze da un'unica specie, che è il colombo torraiuolo (Columba livia). Cercate di far accettare questa conclusione ad un semplice amatore di piccioni, vi risponderà con una ripulsa non meno energica di quella che ci possiamo aspettare da un naturalista della vecchia scuola, davanti all'idea logica e conseguente di derivare alla loro volta da un unico e solo più lontano stipite comune tutte le specie de' colombi.

Vero è che in tutte le variazioni delle nostre specie di animali domestici interviene sempre l'azione dell'uomo più o meno diretta, ora metodica, ora incosciente. Ma l'uomo non fa in tali casi che mettere in giuoco e dirigere cause naturali per vederne gli effetti più presto. D'altra parte l'accumulazione in razze permanenti di varietà accidentali non è soggetta soltanto a questa che Darwin chiama elezione umana, ma eziandio all'elezione naturale, ossia alla legge di conservazione di quelle fortuite variazioni dal tipo, che pongono gli individui in cui si sono manifestate in grado di riuscire in modo speciale vincitori nella lotta per l'esistenza .

Quegli assembramenti sistematici sempre più complessi che i naturalisti chiamano varietà, specie, generi, famiglie, ordini, classi, sono creazioni della nostra mente come le compagnie, i battaglioni, i reggimenti, le brigate nell'organizzazione militare. L'estensione di ciascuno di questi assembramenti è arbitraria, è regolata dalle vedute particolari di chi li compone, da ragioni che ognuno valuta a suo modo. Di ciò hanno sempre convenuto i naturalisti; solo per riposare su di un assioma, erano convenuti in questo: che le specie esistono in natura; anzi avean fatto di più: aveano reso più complicato e più solenne l'assioma, traducendolo con questa frase divenuta tradizionale e come sacra nelle scuole: «Tante sono le specie, quante in origine furono create ». Ma poi al caso pratico si è molto soventi nell'impossibilità di distinguere con precisione ciò che è razza da ciò che è specie: fra due specie primitivamente molto bene distinte, si scoprono molto soventi, troppo soventi per la comodità delle determinazioni sistematiche, variazioni intermedie costanti che i naturalisti incominciano già a chiamare specie darwiniane. Infine l'ultimo risultato è questo: che il famoso assioma è andato a far compagnia ad altri spezzati ceppi del libero pensiero. Una determinazione fisiologica della specie è impossibile, ed ormai non possiamo più parlare che di specie sistematiche, di specie di convenzione. Quelle che siamo abituati a chiamar razze o varietà, sono specie incipienti; quelle che noi diciamo specie sono varietà ben definite e sovratutto sanzionate da un'origine lontana.

Infine l'insieme delle specie create può essere rappresentato da un albero: i rami verdi dell'annata sono le specie attuali, i bottoni sono le varietà o razze o in altre parole le specie dell'avvenire, i rami legnosi delle annate precedenti sono le specie passate, stipiti delle specie attuali. Fra questi rami i vecchi germogli inariditi e sopraffatti dagli altri, in quella che Darwin chiama lotta per l'esistenza, sono le specie estinte senza successione.

Cerchiamo ora di applicare queste premesse ad un solo soggetto, a quello che è il nodo della grande quistione che ci proponiamo discutere.

Nella grande famiglia delle scimie tre si distinguono per la loro rassomiglianza all'uomo: le così dette scimie antropoidi; e sono l'orangoutang di Borneo, il chimpansé di Guinea, il gorilla del Gabon, tutte superiori alle altre scimie per le grandi dimensioni, per la mancanza della coda, delle borse alle guancie, delle callosità deretane e per l'incesso tra il verticale ed il carpone, nel quale non mettono a terra la palma delle mani, ma il dorso delle dita piegate. Ciascuno di questi tre nomi volgari corrisponde ad un'unica specie, secondo l'opinione generale dei naturalisti; ma Blyth vorrebbe distinguere quattro specie di orangoutang, Duvernoy due di chimpansé, Du Chaillou, autorità invero alquanto sospetta, altre due specie di questo stesso genere. Siffatta quistione si può risolvere nella possibilità di altrettante razze o specie dell'avvenire, figliate per elezione naturale da ognuna delle tre specie sistematiche comunemente accettate.

Le tre scimie antropoidi sono proprie, come vedemmo, dell'emisfero orientale, di quell'emisfero nel quale è pur da rintracciarsi la culla del genere umano. Ora, lasciando da parte le scimie americane, che formano un gruppo separato e relativamente inferiore, le altre scimie si possono aggruppare in modo da costituire tre serie, terminanti ciascuna alla sua propria specie antropoide. I babbuini si legano al gorilla, i macachi al chimpansé, i cercopiteci, i semnopiteci, i gibboni, all'orangoutang. Queste tre serie sono state stabilite con molto acume d'ingegno da Gratiolet, indipendentemente dalle idee del celebre riformatore inglese, prima che queste idee fossero lanciate nel mondo scientifico, e furono stabilite dietro la sola considerazione de' caratteri del cervello, che per ciascuna serie si tiene ad un proprio tipo secondario; ma poi ricevono anche la sanzione da altri caratteri di organizzazione e dalla rispettiva posizione geografica. – Insomma il gorilla è un babbuino perfezionato, il chimpansé un macaco perfezionato, l'orangoutang un gibbone perfezionato. Gratiolet non emette proprio la frase esplicita, ma la fa risultare da tutto il mirabile contesto delle sue ricerche sulle pieghe cerebrali dei primati.

Ora ecco qui tre serie che io vorrei risolutamente chiamare serie darwiniane. Nell'albero simbolico in cui abbiamo per un istante rappresentato il regno animale, le specie o varietà più distinte di babbuini devono corrispondere a tanti rami verdi laterali di un ramo stipite che porta come ramo terminale il gorilla. Sieno aggruppati adesso nell'egual modo i macachi ed il chimpansé, i cercopiteci, i semnopiteci, i gibboni e l'orangoutang. Ora fatto il primo passo, non v'è ragione per arrestarsi e non fare il secondo; e così, fedeli al medesimo principio, riuniremo alla loro volta i tre rami stipiti su di un ramo stipite più vecchio; e retrocedendo sempre logicamente, nella serie delle epoche preumane, saremo condotti a far derivare tutte le scimie da uno stipite comune.

Ora abbiamo preparato il campo ad altro ben più grave problema. Qual'è il posto dell'uomo nell'impero della natura? Quali sono e di qual grado le sue affinità zoologiche? Voi sapete, o signori, lo scherzo fatto a Platone da Diogene. Platone definisce l'uomo un animale bipede implume, e Diogene gli getta un gallo spennacchiato, esclamando: «Ecco il tuo uomo». In tutte le scuole non si fa che ripetere press'a poco la definizione di Platone, con questa sola spettacolosa riforma di dire che l'uomo è un animale bimano, piuttosto che un bipede.

Ecco adunque il posto che ci han fatto i naturalisti.

Secondo Linneo noi apparteniamo alla classe dei mammali, all'ordine de' primati; capi fila è vero, ma in fila colle scimie.

Blumenbach e Cuvier, tirando uno steccato fra i primati di Linneo, fondano al di qua tutto per noi l'ordine de' bimani, al di là quello dei quadrumani. In questo nuovo posto incominciavamo appena a sentirci meglio assisi sul trono della natura, quando ecco sorgere Geoffroy S. Hilaire a tentare di ristabilire l'antico consorzio, dimostrando che noi pure in origine siamo stati quadrumani.

Owen ha voluto fare meglio: ha cercato nella testa dell'uomo quel titolo di nobiltà che gli veniva tolto dai piedi, ed ha fondato l'ordine degli archencefali, ossia dei mammali con grandi emisferi cerebrali ricchi di circonvoluzioni e coprenti per intiero il cervelletto ed i lobi olfattori; ma la scienza livellatrice avanzatasi di nuovo, è rimasta ancora padrona del campo.

Infine i precisi confini fra l'uomo e la scimia sono ancora oggi la tortura degli anatomici; e sempre le differenze che si presentano da prima nette e precise svaniscono sotto l'analisi. Il fantasma di un'odiosa parentela, stuzzicato, sorge più severo ed umiliante. Non ci resta a fare che una sola cosa: affrontarlo.

Non crediate, o signori, che io vada, pel semplice gusto de' paradossi, a risuscitare una questione isolata di qualche cervello balzano dei tempi andati. E questa una quistione viva e cocente rimasta sotto la cenere, in aspettazione di un momento opportuno per quindi presentarsi in tutta la sua grave pienezza.

Ed il momento venne pochi anni sono, quando un viaggiatore americano, il sig. Du Chaillou, reduce dell'occidente dell'Africa equatoriale, portò a Londra molte spoglie di gorilla e raccontò di questo orrendo scimione maravigliose cose ai cercatori di novità piccanti. Il gorilla diventò la bestia alla moda, il beniamino de' giornali e delle conversazioni della City, ricomparendo ad ogni tratto al suo posto d'onore, fra il cotone e la politica misogalla. Una viva lotta s'impegnò fra i due più valorosi campioni della scienza anatomica in Inghilterra, fra Owen ed Huxley; ed il pubblico d'oltre la Manica, così colto e così desideroso di coltura, la seguì con quell'attenzione, con quel freddo fanatismo, e con quegli scoppi umoristici che sono un'espressione costante del suo carattere. La partita era così impegnata: Owen da un lato studiando strappare l'uomo dallo stretto consorzio delle scimie; Huxley dall'altro lato lavorando a rafforzar i legami anatomici che ve lo trattengono.

Val dunque la pena di occuparsi di questa quistione.

Le scimie colle quali dobbiamo sopportar il confronto sono queste tre che conoscete, l'orangoutang, il chimpansé, il gorilla, e delle quali vi stanno schierate dinanzi le spoglie.

La prima impressione in guardarle è che differiscono dall'uomo siffattamente da non comprendere come mai sia messa in questione una sì grande distanza; da provare una decisa avversione a subire questo supplizio di Mesenzio a cui certi curiosi cervelli di naturalisti ci vogliono condannare. Ma l'uomo che si sente uomo non si rifiuta mai dallo spingere lo sguardo sotto il velame delle apparenze.

Mettiamo sulla bilancia le differenze e le analogie dell'uomo colle scimie: notate bene che parlo di bilancia e di misure, perché il nostro esame deve ora aggirarsi soltanto su quello che si può vedere, toccare e pesare.

La diversità grandissima della faccia si presenta qui per la prima. Quella del chimpansé è la meno lontana dall'aspetto umano; quella del gorilla invece spaventosamente bestiale. Ma non mettiamo a confronto con queste scimie la testa di Napoleone o dell'imperatore Nicolò, prendiamo quella di un Papou, di un nero dell'Australia, ed allora la distanza fra i due soggetti di confronto scema d'assai. L'angolo faciale delle razze umane oscilla fra due estremi che sono 85° e 64°; ma nelle scimie troviamo un massimo poco discosto dal minimo umano; nel giovane orangoutang, in cui la prima dentizione non sia ancora compiuta, l'angolo faciale è di 60°. Una diversità fra l'uomo e la scimia da questo lato esiste senza dubbio, ma una diversità di grado e nulla più.

Enorme è la lunghezza delle estremità anteriori nell'orangoutang; colle dita distese giungono fin presso al calcagno; e da questo lato vincono il chimpansé ed il gorilla. Le estremità anteriori giungono in quello fino alla metà, in questo fino al terzo superiore della gamba. Ma le estremità anteriori ci offrono materia a ben più importante considerazione.

Nell'uomo e nelle scimie di rango più elevato, la lunghezza del braccio oltrepassa quella dell'antibraccio, nelle scimie americane incomincia la proporzione inversa, cioè la prevalenza dell'antibraccio sul braccio; anche la lunghezza relativa della mano è in proporzione crescente, partendo dalla specie umana. Sono due caratteri combinati di degradazione, che si pronunciano però sempre più evidenti, e con grande costanza, scendendo nella serie dei mammali; ma incominciano già a palesarsi nella specie umana, nella razza nera. In questa la supremazia del braccio sull'antibraccio è già minore che nella razza caucasica, e la mano ha dita più lunghe, più scarne, colle eminenze tenare ed ipotenare, meno sporgenti; e le estremità anteriori distese sui fianchi arrivano qualche poco al di là della metà della coscia, ove si arrestano invece nell'europeo. E venendo ora alle scimie antropoidi, nell'ordine degli annunciati caratteri, il gorilla ed il chimpansé hanno un vantaggio deciso sull'orangoutang, nel quale la grande lunghezza delle estremità anteriori riflette particolarmente l'antibraccio e la mano, e le dita sono relativamente più sottili e più scarne.

Or si presenta la differenza la più importante, quella che si esprime col dire che l'uomo è bimano e le scimie sono quadrumani. Ma qui bisogna intenderci sui caratteri che distinguono la mano in confronto del piede.

Dapprima bisogna riconoscere che la mano ed il piede sono parti fra di loro perfettamente omologhe, come lo sono tutte le singole parti delle estremità anteriori, colle corrispondenti delle posteriori: là circolo scapulare, qui circolo pelvico; là omero, poi radio ed ulna, qui femore, poi tibia e fibula; là carpo, metacarpo e falangi, qui tarso, metatarso e falangi. Ma nella sfera di questa omologia, è possibile una tale modificazione per cui la parte terminale di un'estremità si dica mano, quella dell'altra si dica piede. I caratteri comunemente assegnati alla mano sono la mobilità delle dita, di tutte e di ciascuno, e sovratutto la mobilità del pollice divergente dalle altre dita ed a queste opponibile. Veramente questi caratteri spiccano nelle estremità posteriori delle scimie; ma, come Bory de S. Vincent ha fatto osservare, il piede può acquistare la facoltà di afferrare, quindi il carattere della mano, per la forza dell'esercizio, anche nell'uomo; e Geoffroy di S. Hilaire è andato più in là, è andato fino a sostenere che originariamente l'uomo stesso era un quadrumano.

Nelle statue antiche, il pollice de' piedi è rappresentato divergente dalle altre dita, indizio della primitiva indipendenza de' suoi movimenti. Con un resto di questa indipendenza si è conservato presso alcune popolazioni fra le quali non si è propagato l'uso della calzatura. I Charruas, tribù indiana dell'America meridionale, forti cavalcatori, usano in luogo di staffa un semplice anello nel qual impegnano il solo pollice dei piedi, tenendovisi strettamente; gli Indiani dell'Orenoco, quelli del Jucatan, i neri dell'Australia, possono colle dita de' piedi raccoglier monete dal terreno, afferrare sassi e lanciarli; i Bengalesi sanno servirsi anche de' piedi per menare il remo; infine, quante cose non si fanno co' piedi!

Ma tutto questo non basta ancora a costituire una mano. Nella famosa lotta fra Owen e Huxley, quest'ultimo ha dimostrato all'evidenza che la così detta mano posteriore de' quadrumani è un vero piede, al quale si attacca un muscolo lungo peroneo, le cui dita sono munite di un muscolo flessore breve e di un estensore breve, il cui tarso si compone di sette ossa disposte come nel piede umano; e così respinge assolutamente la denominazione di quadrumani consacrata dall'autorità di Cuvier e dal lungo uso; e ristabilisce l'antico ordine dei primati, comprendente l'uomo e le scimie, non, come aveva fatto Geoffroy di S. Hilaire, riconducendo noi uomini al tipo quadrumano, ma invece rendendo bimani anche le scimie.

È vero che nelle scimie il pollice dei piedi è assai più corto del pollice delle altre dita, mentre il contrario è nel piede umano; ma guardate come si allunga già il pollice nel chimpansé e nel gorilla, per questo carattere superiori all'orangoutang.

L'incesso delle scimie è affatto particolare e ben diverso da quello dell'uomo: esse mettono a terra non la pianta ma il margine esterno del piede, facendo arco delle dita e rivolgendo all'indentro la parte plantare che, meno esercitata dalla pressione continua, rimane così molto meno larga della corrispondente del piede umano. Or bene, la pianta dei piedi del gorilla è già più larga in confronto di quella dell'orangoutang e dello stesso chimpansé; e la parte di essa che tocca la terra è maggiore; ed il tallone è più robusto. Per questo carattere il gorilla vince le altre scimie antropoidi.

D'altra parte osservate i primi passi del bambino: nell'incertezza di quei movimenti esso tiene i piedi rivolti all'indentro, come a ricordo di un carattere originario che deve presto cancellarsi. Io vi chieggo perdono, o madri che mi ascoltate. La scienza, per essere fedele ed integra, è costretta ora a profanare le vostre più serene gioie.

Il pelo fino, cortissimo e diradato su tutto il corpo, insieme al contrasto della folta capigliatura, costituisce un altro distintivo dell'uomo, ma anche qui il distintivo non è che del più o del meno. L'orangoutang ha il pelo molto diradato, specialmente alla faccia, alle parti anteriori del tronco e nell'interno delle coscie, nelle quali parti il nudo prevalente della pelle lascia trasparire attraverso il livido un po' di rossocarneo; ed alla region posteriore del vertice il pelo più lungo e disposto a rosa attorno di un centro, accenna già ad una disposizione analoga a quella che si osserva nella capigliatura umana.

Insistendo nell'esame comparativo de' caratteri della pelle, le analogie fra l'uomo e le scimie saranno maggiori delle differenze. Nella generalità delle scimie, come nei mammali tutti, il pelo dell'antibraccio ha la stessa direzione che sul braccio; è diretto cioè verso la mano. Assai diversamente è nell'uomo ma non nel solo uomo: anche nell'orangoutang, nel chimpansé e nel gorilla: in tutti il pelo, alla metà inferiore dell'antibraccio, è diretto all'esterno, poi gradatamente salendo si rivolge in su verso il cubito.

Rivolgiamo ora la nostra attenzione alla pelle propriamente detta: anche qui troveremo l'uomo e le scimie far causa comune fra di loro e separata da quella degli altri animali. Per condizioni particolari, inerenti alla sua struttura elementare, la pelle dell'uomo, specialmente sotto i brividi del freddo, prende quella particolare scabrezza che è conosciuta col nome di pelle d'oca. Per lungo tempo questo fenomeno è stato considerato come proprio dell'uomo, finché poi non lo si venne a scoprire anche nell'orangoutang.

La pelle della palma della mano e della pianta del piede nell'uomo si presenta colla medesima ricchezza di papille, col medesimo modo di loro aggruppamento, colla medesima ricchezza di nervi e terminazione de' nervi nelle papille stesse; e per tali caratteri è differente dalla pelle delle altre regioni del corpo. L'esercizio del senso attivo, localizzato, del tatto è in stretta relazione colla mentovata particolare condizione anatomica. Se agli occhi vostri non fosse abbastanza provata l'omologia perfetta fra la mano ed il piede, aggiungete pure anche questo argomento. Or bene, la palma delle così dette quattro mani delle scimmie presenta ancora le stesse papille medesimamente aggruppate, coi medesimi fili nervosi terminati nel medesimo modo; e questi caratteri cambiano affatto al di là delle scimie.

Le differenze leggere ed incostanti che nell'uomo e nelle scimie presentano i muscoli delle varie parti del corpo non sono pel nostro soggetto gran fatto importanti. Ve n'ha però che, senza il soccorso dello scalpello anatomico, l'occhio scorge immediatamente, come per esempio quelle che si disegnano nelle forme esterne. Lo sviluppo dei glutei e dei muscoli gemelli che formano il polpaccio, danno alla statua umana rilievi e rotondità che si cercano invano nella scimia, ma notate bene, parlo della statua umana tipica realizzata nell'europeo: che la razza nera invece, anche per questo carattere, fa passaggio ai quadrumani.

Rivolgiamo ora la nostra attenzione allo scheletro e prima di tutto al cranio.

Quanto alla forma generale il cranio delle scimie si distingue subito dal cranio umano per il prolungamento delle ossa mascellari e della mandibola, per l'inclinazione de' denti incisivi, d'onde in gran parte deriva l'acutezza dell'angolo facciale. In stretta correlazione con questo carattere, conformemente alla legge di Daubenton, il foro occipitale si trasporta all'indietro; quindi la posizione meno accentrata del cranio sulla colonna vertebrale, e quindi ancora la necessità di una maggior forza dell'aponeurosi occipitocervicale e de' suoi attacchi. La fronte depressa, sfuggente all'indietro, le occhiaie ravvicinate, gli archi sopraorbitali rilevati, le ossa nasali piccole e depresse, concorrono alla particolar fisionomia delle scimie.

Ma indipendentemente dal trattarsi qui ancora di semplici differenze di quantità e di proporzione, si deve osservare che la enorme distanza fra due estremi, quali sarebbero per esempio un cranio della razza umana caucasica ed un cranio di babbuino, scema mettendo a confronto da un lato un cranio di un nero dell'Australia, o meglio ancora un cranio della primitiva razza dell'epoca della pietra, dall'altro lato un cranio di chimpansé nella prima età.

Un fatto anatomico che non ha tanta importanza scientifica quanta importanza storica è il seguente. In tutti i mammali i denti incisivi superiori sono piantati in due ossicini particolari, combacianti fra loro lungo la linea mediana della faccia, e lateralmente colle attigue ossa mascellari. Quegli ossi sono perciò chiamati dagli anatomici ossi incisivi od intermascellari. Nel solo uomo, fu detto, questi ossi mancano e i denti incisivi sono allora portati dalla parte anteriore de' mascellari stessi. Galeno, astretto dai pregiudizi del suo tempo a studiar anatomia sulle scimie, li aveva già conosciuti, e Silvio, notandone la mancanza nella specie umana, incappava in una strana opinione che non viene mal a proposito oggi, allorquando diceva che l'uomo li avesse perduti per l'effeminato e pervertito suo modo di vivere. Sul finire del secolo scorso una scoperta, dovuta al genio di Goethe, dell'autore dell'Ifigenia e del Faust, segna un'epoca nella scienza, imprimendo una nuova spinta alla filosofia anatomica: la scoperta, voglio dire, degli ossicini intermascellari anche nell'uomo, ma nell'uomo nei primordi della sua vita, prima che veda la luce del sole, saldandosi questi ossicini prestissimo coi mascellari corrispondenti. E d'altra parte questi ossi intermascellari od incisivi si trovano nelle medesime precise condizioni di fugace esistenza nel chimpansé, nella scimia che pe' caratteri del cranio primeggia sulle altre. Nell'orangoutang e nel gorilla invece gli ossi intermascellari persistono distinti fin molto avanti nella vita e non si saldano co' mascellari se non nella tarda età, quando cioè si pronuncia la tendenza alla scomparsa di tutte le suture. In queste due specie la forma del cranio, col progredir dell'età, devia rapidamente dal tipo umano: coll'allungarsi delle mascelle deve crescere la potenza muscolare che move la mandibola, e l'accrescimento de' muscoli, specialmente dei temporali, determina una maggior estensione della loro base; questi due muscoli estendono il loro attacco fin quasi ad incontrarsi sul vertice, ed ivi determinano la formazione di una forte cresta lungitudinale; nel medesimo tempo la necessaria sempre crescente forza dell'aponeurosi occipitocervicale che tiene il posto del legamento cervicale de' veri quadrupedi, determina la formazione di una grande cresta ossea trasversale sull'occipite, d'onde la enorme deformazione del cranio nell'orangoutang e nel gorilla adulti.

Per servire di robusto attacco all'estremità opposta di questa aponeurosi, sviluppansi straordinariamente in queste due specie i processi spinosi delle vertebre cervicali, come vedete specialmente in questo scheletro di vecchio gorilla che vi sta dinanzi agli occhi.

Lasciamo il cranio, ed allora per la larghezza dello sterno, per la forma della scapola, per l'ampiezza e la direzione del bacino, capace a sostenere la massima parte del peso dei visceri addominali, è il gorilla che prende il sopravanzo sulle altre due scimie rivali.

Ma il grosso della quistione sta nel contenuto della scatola del cranio, abisso dei più grandi misteri! Qui c'è da perdersi; quanti forti ingegni vi entrarono baldanzosi e non seppero trovar la porta d'escita! Sia questa una lezione di prudenza per noi; stiamo alle cose più esterne e materiali; accettando questa restrizione, ci resta ancora, per buona sorte, spazio di moverci nelle più discrete esigenze del nostro argomento.

Voi sapete, o signori, che il cervello non è un organo, ma un complesso di organi. Bisogna distinguere prima di tutto, al davanti nella cavità del cranio, gli emisferi cerebrali, separati fra di loro da un solco che si approfonda sino alla lamina trasversale di congiunzione, che è il così detto corpo calloso. Dietro sta il cervelletto; e fra quelli e questo, al disotto di entrambi, il midollo oblungato, il quale poi si continua col midollo spinale, che si interna nel canale delle vertebre.

Volendo stare a questa divisione grossolana, rispettabile per vetustà, diremo che il midollo oblungato è la massa centrale d'onde hanno origine i nervi de' sensi e de' movimenti delle varie parti della testa, ed oltre ciò un paio di nervi, i più importanti di tutti, che, scendendo ai lati del collo, penetrano nel torace e vanno ai polmoni, al cuore, allo stomaco.

Il cervelletto è l'organo regolatore de' movimenti. Gli emisferi sono lo strumento materiale per l'esercizio di quelle facoltà che si comprendono sotto la parola generica di intelligenza. Dobbiamo distinguere in essi la parte che sta alla base del cranio, da quella che si rivolge in alto e, nel caso di esuberanza, si porta indietro fino a coprire più o meno il cervelletto. La prima somministra essa pure fili nervosi ad organi sensori, come sono quelli dell'olfatto e della vista; la seconda è quella in cui propriamente si concentrano quelle nobili attribuzioni che nel linguaggio ordinario sono riconosciute agli emisferi cerebrali in complesso. È questa la parte dell'intera massa del cervello che presenterà nella serie animale le più grandi variazioni, conformi al vario sviluppo delle attività intellettuali; è questa che troviamo più sviluppata ne' mammali che negli uccelli, e ne' vari mammali più negli intelligenti che negli stupidi, più nelle scimie, per esempio, che ne' conigli.

Le scimie e l'uomo posseggono intanto in comune questi distintivi, che già si possono discernere d'un colpo d'occhio sul complesso della massa encefalica: gli emisferi cerebrali si prolungano anteriormente al di là de' lobi olfattori rudimentali, e posteriormente fino a coprir tutto il cervelletto, talvolta a sopravanzarlo, e lo sopravanzano realmente sì nell'uomo che nelle scimie superiori. Dei tre lobi del cervelletto, il mediano è molto impiccolito, e ridotto a quello che gli anatomici chiamano verme.

La superficie degli emisferi è in molti mammali, e ne' soli mammali, segnata da pieghe e solcature tortuose dalle così dette circonvoluzioni cerebrali.

Queste circonvoluzioni sono di una grande importanza, ed in generale possiamo dire che la loro complicatezza è un indizio di superiorità nella scala animale: ma guardatevi bene dal prender questa espressione in senso assoluto. La vera legge è questa: che lo sviluppo degli emisferi è in ragion diretta del grado di intelligenza degli animali, ma non sempre questo sviluppo si esprime colla formazione delle circonvoluzioni, perché a questo concorre un altro fattore: la capacità del cranio, relativamente alle dimensioni dell'intiero corpo. Or bene questa relazione è tale che, diminuendo nella serie animale le dimensioni generali del corpo, non diminuisca in egual proporzione la capacità del cranio, ma in proporzione minore. Concepite facilmente che se negli animali di piccola corporatura la capacità del cranio è rimasta relativamente grande, gli emisferi cerebrali potranno svilupparsi, senza formare quelle ripiegature della loro sostanza, nelle quali propriamente consistono le circonvoluzioni. Ecco il perché troverete pieghe e solcature cerebrali negli stupidi montoni, cervello liscio invece ne' vispi, graziosi e maliziosetti ovistiti.

La prevalenza degli emisferi, particolarmente della porzione loro superiore, in confronto delle altre parti della massa encefalica è massima nell'uomo, grande ancora nelle scimie antropoidi, decresce partendo da queste ne' quadrumani inferiori. Per il mio assunto il paragone diretto de' pezzi che avete sott'occhio è sufficiente, e mi dispensa dall'entrare in particolari di misure comparative di peso o di volume.

I due emisferi cerebrali sono, alla loro estremità anteriore o frontale, che s'avanza sui lobi olfattori, larghi ed arrotondati nell'uomo e nelle scimie antropoidi, più o meno acuminati invece nelle altre scimie.

Di pari passo con questi caratteri di superiorità cammina lo sviluppo delle circonvoluzioni cerebrali, le quali sono al massimo grado di complicatezza, di rilievo delle pieghe, di profondità de' solchi interposti, nella specie umana; poscia nell'orangoutang e nel chimpansé. Anche per questo carattere il gorilla rimane inferiore nel confronto. È singolare infatti la povertà delle circonvoluzioni cerebrali in questa scimia; difetto tanto più significativo, quando si pensi alla statura del gorilla, maggiore che nelle altre due scimie antropoidi, e alla legge qui violata, del crescere il numero e la complicatezza delle circonvoluzioni del cervello ne' mammali, coll'aumentare della mole del corpo. La forma e la direzione delle circonvoluzioni cerebrali non sono arbitrarie, ma seguono un tipo determinato per ognuno de' grandi scompartimenti della classe de' mammali. Il costante ordine di loro distribuzione nel cervello umano fu per la prima volta dimostrato dal nostro Rolando.

Alla parte laterale ed inferiore degli emisferi bisogna dapprima distinguere un gran solco che gli anatomici da lungo tempo hanno distinto col nome di solco del Silvio; e notate innanzi tutto che esso è caratteristico dell'uomo e delle scimie. Divaricati i margini di questo solco, si scopre nel suo interno un piccolo lobo, la così detta isola (lobo centrale di Gratiolet), attorno al quale lobo sono distribuite le circonvoluzioni o pieghe cerebrali, in modo da formare quattro province bene distinte, ciascuna comprendente un certo numero di pieghe parallele fra loro, e discordanti da quelle delle province vicine. Gratiolet, al quale è debitrice la scienza del lavoro più importante intorno a questo argomento, dà a queste province il nome di lobi, e distingue allora un lobo frontale, un parietale, un temporale ed un occipitale. Non posso entrare in minuti particolari sulla distribuzione delle pieghe cerebrali in ognuno di questi lobi; solo aggiungerò che la complicazione delle pieghe superiori del lobo frontale ed il grande sviluppo di questo lobo, sollevano, è vero, il cervello dell'uomo in confronto di quello delle scimie antropoidi, ma ancora nella linea delle semplici quantità relative. Fra i lobi parietali e l'occipitale stanno altre pieghe (quattro, quando in numero normale), che Gratiolet chiama pieghe di passaggio, tutte esterne nel cervello umano, nel quale impiccoliscono assai il lobo occipitale e fanno sparire il solco perpendicolare che lo separa dai lobi parietali: altro carattere di supremazia! Queste pieghe di passaggio sono invece nelle scimie più o meno coperte e nascoste nell'anzidetto solco; meno però nell'orangoutang che nelle altre due scimie rivali.

Il principale risultato delle ingegnosissime ricerche di Gratiolet è questo: che la distribuzione delle pieghe o circonvoluzioni cerebrali segue, ne' così detti quadrumani, un piano caratteristico, diverso da quello delle altre grandi divisioni de' mammali, e che a questo piano si accomoda perfettamente anche il cervello umano, come il grado più elevato di una grande serie che, per le scimie antropoidi, si continua nelle altre vere scimie e termina al grado infimo degli ovistiti.

Ma esiste forse nel cervello umano qualche organo nuovo che manchi alle scimie? Owen ha creduto poterlo indicare in una prominenza che si trova nel prolungamento posteriore delle cavità interne degli emisferi, ossia de' ventricoli cerebrali, in quella prominenza che gli anatomici chiamano piccolo piede d'ippocampo; eppure Cuvier l'avea già data come caratteristica dell'uomo e delle scimie in comune, e Tiedemann almeno come propria di alcune delle scimie antropoidi. L'asserzione della grande e legittima autorità di Owen ha mosso altri anatomici inglesi alla caccia del piccolo piede d'ippocampo: ed il piccolo piede d'ippocampo fu trovato anche nel chimpansé ed anche, sebben ridotto, nelle altre scimie. Ultima illusione svanita!

Stando adunque ai puri caratteri anatomici del cervello, l'uomo non dista dalle scimie più di quanto le principali famiglie sistematiche di queste distino fra di loro; più di quanto, per esempio, dalle scimie comuni distino gli ouistiti.

Prendiamo finalmente in esame un altro sistema organico che ha i più stretti rapporti colla vita psichica degli animali, l'apparato della voce. Io devo qui particolarmente indicare le due saccocce laringee che esistono nelle tre scimie antropoidi e mancano nell'uomo. Queste saccocce laterali che si gonfiano quando l'animale grida, e crescono allora la ributtante ferocia del suo aspetto, devono influire grandemente a dare altresì alla sua voce una rauca asprezza tutta particolare. Nel chimpansé sono piccole, grandi invece nell'orangoutang, maggiori ancora nel gorilla, nel quale comunicano inoltre con una terza enorme saccoccia mediana complicata da espansioni laterali. Spunta per un istante la speranza di trovar qui almeno, in questo organo nobilissimo, un qualche carattere deciso, non di sola quantità, per cui l'uomo si distingua dalle scimie: ma anche questa speranza si dilegua davanti alla circostanza che in un medesimo genere di scimie, in quelli per esempio dei macachi e dei babbuini, vi sono specie con saccocce laringee e specie che ne sono prive.

Riassumendo il fin qui detto, voi vedete, o signori, che se vogliamo trincerarci nel campo della nuda anatomia, la gran barriera fra bimani e quadrumani, deve essere definitivamente abbattuta, e l'ordine dei primati ristabilito. Nel secolo delle unificazioni, dovremmo far anche questa.

Sarebbe del più grande interesse il rintracciare le prime origini dell'uomo nella storia del mondo, il conoscere i caratteri precisi delle razze primitive ed il far poi il confronto diretto di questi caratteri con quelli delle scimie antropoidi, ma siamo ancora assai lontani dal possedere materiali sufficienti a tanto uopo.

Voi sapete, o signori, come da ogni parte affluiscano fatti che ci obbligano a respingere l'origine della schiatta umana molto più indietro nella serie de' secoli che non si credesse dapprima. Certamente l'uomo ha vissuto in Europa in compagnia di varie specie di mammali che sono da lungo tempo estinte, coll'orso delle caverne, col leone delle caverne, col cervo delle grandi corna, col rinoceronte dal setto nasale, coll'elefante velloso (mammouth), coll'elefante meridionale. Avanzi di scheletri umani e di oggetti lavorati dalla mano dell'uomo si trovano, insieme a resti di queste specie, entro depositi incontestabilmente naturali, non rimescolati o sconvolti dopo la loro formazione: ne' depositi immediatamente superiori alle marne ed alle sabbie subapennine. Stando alle osservazioni sin qui fatte, si direbbe che l'uomo non discende più in basso nella serie delle formazioni geologiche.

Le scimie hanno senza dubbio abitata l'Europa prima dell'uomo. Nella celebre collina di Sansan, al sud della Francia, Lartet ha scoperto ossami di una scimia antropoide affine a' gibboni; un'altra specie di scimia si trova in una breccia ossifera di Grecia: l'una e l'altra formazione spettano a quel terreno che i geologi dicono terziario medio o terreno mioceno. Se dobbiamo stare a qualche raro frammento fossile, le scimie discendono probabilmente ancora di un grado più in basso nella serie delle formazioni geologiche: nel terreno terziario inferiore od eoceno.

Stando a quegli scarsi materiali che finora si posseggono, si dovrebbe credere che abbia primitivamente esistito in Europa una razza umana diversa da quelle che attualmente la abitano, una razza dal fronte depresso, dagli incisivi inclinati all'infuori; ma è ancora oggetto di questione se questa razza sia apparsa in Europa sola oppure insieme ad altre razze differenti. Sono pochi anni soltanto che tali studi, per loro stessi cotanto astrusi e delicati, sono all'onor della scienza, e quindi sarebbe temerario il precipitare ora delle asserzioni nell'uno o nell'altro verso. Non devo però passare sotto silenzio la maravigliosa scoperta fatta nel 1858 in una piccola grotta a Neanderthal presso Dusseldorf, di alcuni avanzi di uno scheletro umano assai probabilmente contemporaneo dell'elefante velloso (E. primigenius), e che sarebbero rappresentanti di un tipo umano affatto piteciforme, veramente bestiale: il cranio è segnalato dalla forte sporgenza dell'orlo superiore dell'orbita, dalla grande depressione del fronte obbliquo all'indietro, dall'occipite obbliquo al davanti, dalla grossezza delle pareti. Anche alcune ossa lunghe, sole residue del tronco di quello scheletro che andò in gran parte disperso, si distinguono per la grossezza delle pareti e per le scabrosità molto pronunciate degli attacchi muscolari.

Basti ora la nuda esposizione dei fatti. A quali conclusioni essi trascinino la mente ritrosa, è quasi inutile che io dica. Se l'uomo per la sua compage, per la sua configurazione, è un animale dell'ordine dei primati, appena separato dalle scimie per quella distanza che separa un genere dall'altro in un ordine zoologico; se è razionale il far derivare tutti i primati da un unico stipite; se, nella successione cronologica degli esseri viventi, le scimie hanno preceduto l'uomo, l'ultima conseguenza si presenta da se stessa, senza cercarla. Quando Lamarck, per la forza de' suoi ragionamenti, si trovava al punto di supporre una derivazione dell'uomo dalla scimia, nessuno avrebbe mai creduto che una simile proposizione potesse da senno essere sostenuta un istante. Or bene eccoci, dopo tanti anni, all'istesso punto. La mostruosa proposizione, non rabbrividite, è quanto ci è rimasto della grande lotta che il gorilla ha suscitata in Inghilterra. Potete immaginare se gli stessi spiriti di quella nazione, impassibili per abitudine ad ogni eccentricità, siansi accomodati facilmente a così inatteso blasone. Alla grandine di proteste che sotto ogni forma lo assaliva, Huxley oppose freddamente daprima le ragioni della scienza, poi queste memorande parole: se io dovessi scegliere i miei antenati fra un uomo che si vale del suo ingegno per deridere la ricerca della verità, od una scimia perfettibile, preferirei la scimia.

Ascoltate, o signori. La teoria di Darwin non ha nulla di allarmante. Vi fu chi trovò eterodossa questa teoria, ortodossa la teoria contraria; ebbene, si potrebbero forse invertire le partite, ma io non voglio suscitare ora questo vespaio; io mi limiterò a perorare per la libertà della discussione, e a dire che ogni teoria di filosofia naturale deve essere giudicata in sé, co' suoi propri criteri, non per quelle precipitate illogiche deduzioni che possono presentarsi alla mente di taluno. Bisogna avere fiducia nella scienza. Se quello che vi urta è un errore, la scienza stessa lo troverà colla discussione pacata, condotta con quel rigoroso metodo che le è proprio; se invece è la verità, allora dobbiamo allontanare da noi il timore che due verità si contradicano.

Dire che l'uomo deriva da una scimia, non è altro che esprimere un fatto anatomico e connetterlo, pei suoi vincoli più naturali, ad una induzione fisiologica; e finché non si prova che uno de' due elementi od entrambi sono falsi, la loro connessione deve essere accettata.

Sarebbe per noi profondamente umiliante se ad una scimia fosse toccato l'onore della creazione diretta ed a noi l'onta della derivazione; ma non è così. Bisogna accettare la teoria di Darwin in tutto il suo sviluppo o respingerla per intiero, o non fare il primo passo o fare anche tutti gli altri. In questa, come in tante vicissitudini in cui è posto l'ingegno umano, il peggiore sistema è quello de' sistemi misti, di quelli ibridi filosofici che si mascherano troppo soventi sotto la speciosa parola di eclettismo. L'uomo è una derivazione delle scimie, e queste sono una figliazione del ramo de' lemuri, il quale, alla sua volta, s'impianta sul ramo delle falangiste, che si collega ad altro stipite, e così via via si discende per l'albero genealogico degli animali, fino al tronco, fino ad uno stipite unico per tutti . Ed allora cos'è questo se non un modo di concepire la creazione organica? Cos'è questo se non un senso che verrebbe dato alla parola creare, che entra così spesso nel nostro discorso ed alla quale non è congiunta alcuna idea determinata? In un pesce, per esempio in un ganoide, sviluppare in apparato polmonale la doppia vescica natatoria, è un creare il tipo rettile; abolire in un rettile il condotto arterioso, rivestire di penne il tegumento, è un creare il tipo uccello ; fare che in una scimia sia reso più elevato il fronte, meno acuto l'angolo facciale, più capace il cranio, più sviluppato il cervello, si allunghino le estremità posteriori, si allunghi ancora in queste il pollice dei piedi, è un creare l'uomo anatomico. Infine cosa fa la scienza? Essa non fa che sostituire alla forma simbolica della polvere della terra, la forma scientifica di un organismo, a costituire il quale ha concorso tutta la creazione precedente. La parentela colle scimie è così tutta assorbita in una parentela più generale; e lungi dall'esserne umiliato, l'uomo si sublima, pensando a quanto si riassume in lui, termine della creazione.

Concedete ora ch'io mi sbarazzi di un'altra quistione che pare secondaria, ma che pure è importante. Ammessa la derivazione primitiva dell'uomo dalla scimia, quale sarà il nostro antenato diretto, quale sarà il nostro più prossimo parente, fra le attuali tre scimie antropoidi? Io ho cercato di mostrarvi che nessuna di esse ha titoli assoluti di preminenza sulle altre due; che se l'una sembra prevalere per un carattere, decade poi per l'altro; che se per i caratteri del cervello, per la distribuzione del pelo, l'orangoutang vince le scimie rivali, per la forma del capo, per le proporzioni delle estremità, per il minor sviluppo delle saccocce laringee, il chimpansé vince alla sua volta l'orangoutang; che se il gorilla è l'ultima delle scimie antropoidi pe' caratteri del cervello e del cranio e per la complicatezza de' sacchi laringei, è poi superiore a tutte pe' caratteri osteologici del tronco e della estremità. Mi pare che da tutto ciò derivi chiaramente la conseguenza che noi non dobbiamo cercare in alcuna di queste scimie antropoidi il nostro stipite primitivo, bensì in una forma perduta nelle epoche preumane; in altre parole, che le scimie attuali sono il ramo cadetto e noi il ramo principale del comune tronco genealogico .

Ritorniamo ora al nostro principale soggetto. Fin qui noi non abbiamo considerata se non la parte dell'uomo che si rileva col metro, colla bilancia, colla camera fotografica. Sarebbe ora tutto finito? Basterebbe forse, a far l'uomo, prendere una scimia, allungarvi le gambe, ottundervi l'angolo facciale, dilatare la capacità del cranio e mettervi dentro qualche grammo di sovrapeso di quella pasta fosforica che si chiama cervello? Non è serbata al naturalista qualche cosa al disopra del vano amore di Pigmalione?

Lo studio della struttura, della forma, dei rapporti degli organi, è il primo fondamento della filosofia zoologica, ma non è l'edifizio. Nulla di quanto riflette la vita degli animali, le loro azioni, i moventi di queste azioni, deve esser lasciato in disparte dal naturalista. Lyonnet colla stupenda sua anatomia del bruco del salice, Huber e Réaumur colle non meno stupende loro osservazioni sui costumi degli insetti si completano vicendevolmente.

Ogni osso, ogni muscolo, ogni protuberanza cerebrale dell'uomo, ha il suo perfetto riscontro negli animali: i fatti dell'uno vanno fin qui paralleli coi fatti degli altri; vediamo ora se questo parallelismo si mantiene passando alle manifestazioni istintive ed intellettuali. Ora da questo punto incomincia invece una divergenza che tutti i naturalisti riconoscono; disputano sul grado, ma la riconoscono. Sono certo di avervi tutti consenzienti, o signori, in questo ragionamento elementare: quanto più si appianano le disuguaglianze fisiche fra l'uomo e la scimia, tanto più crescono d'importanza e più si dimostrano indipendenti, le disuguaglianze che restano, le differenze virtuali. Il posto dell'uomo nella natura vuol essere determinato non da quel più o da quel meno di caratteri morfologici soggetti a variare negli stessi angusti confini della specie, ma dal confronto della virtualità propria dell'uomo con quella degli animali. Finché il naturalista ha potuto dimostrare che non v'ha altra differenza che di proporzioni, ed ancora ben lieve, tra il cervello dell'uomo e quello della scimia, ha fatto quanto la scienza chiedeva da lui. Non è più solo ora a giudicare se non vi sia del pari che una differenza di grado fra l'istinto e la ragione, o tra la ragione bestiale e la ragione umana. Quando egli avrà creduto di finir la quistione coll'asserire che tanto nell'uomo come negli animali ha sede un medesimo principio virtuale, o che non ve n'ha né in quello né in questi, vedrà avanzarsi, come una poderosa falange nel punto decisivo della battaglia, la coscienza generale, e dovrà cederle il campo.

Più che le pregiudicate dichiarazioni del naturalista, io amo qui raccogliere le sue tacite confessioni: sono molto eloquenti. Egli vede in un alveare una società mirabilmente ordinata: una regina, una corte, un popolo di industriosi proletari, poi combattenti, e vincitori che rimangono, e vinti che sono cacciati in esilio; sulle aduste spiagge dell'Africa vede grandi cumuli di fango rassodato, e dentro un altro regno, quello delle termiti, pure con regine, e sciami di cortigiani e schiere di soldati ed eserciti immensi di operai; lungo le più solitarie rive dei fiumi del Canadà, vede i villaggi e gli argini de' castori; nelle foreste vergini di Borneo le rozze capanne dell'orangoutang. Qui è nel suo dominio; qui deve guardare, ricercare, studiare, e non avrà mai guardato, ricercato, studiato abbastanza; qui è tutto, fuorché legislatore. Deve ora il naturalista, coll'istessa franchezza di autorità legittima e sola, investigare le forme, le ragioni, i principi direttivi, degli edifizi, dei consorzi, delle industrie, delle guerre, di quest'altro animale che si chiama uomo? Certamente non v'è naturalista che pretenda tanto, non v'è alcuno che voglia far della zoologia la scienza universale. Degli animali tutto sottomette il naturalista alle sue proprie investigazioni, dell'uomo non vuole che il solo cadavere. D'onde ciò, se non in qualche cosa per cui, anche senza volerlo, egli si sente astretto a fare all'uomo un posto distinto nella creazione.

In uno strato di sabbia, in uno strato d'argilla, insieme ad ossa di elefanti e di rinoceronti, nel centro della dotta Europa, il naturalista rinviene qualche frammento di carbone, qualche ciottolo scheggioso, qualche osso scalfito, e non esita un istante ad esclamare; ecco tracce dell'uomo primitivo; e non gli è mai passata per la mente l'idea di attribuire queste semplicissime fatture ad una scimia. Perché la scimia sia capace di accendere un ramo secco, di percuotere un sasso contro un altro, bisogna che diventi uomo.

Ecco tacitamente e, per consenso unanime, riconosciuto un distintivo che val bene qualche cosa di più di quel povero piccolo piede d'ippocampo che ci è mancato nel bollore delle speranze; un distintivo fisicamente indeterminabile, ma più forte d'una sequela di sofismi.

Trapela da tutto questo un sentimento interno che guida logicamente ad una concessione più esplicita e formale: ma avete veduto cosa fa il naturalista. Lesinando, come l'avaro che misura il panno ai suoi famigliari, è già molto se si lascia strappare la concessione di un ordine distinto per l'uomo, sempre nella classe dei mammali. Or bene, non si sfugge da questo dilemma: o si vuole considerare soltanto la parte materiale dell'uomo, ed allora, in buona zoologia, non si può concedere questa separazione, v'è troppa rassomiglianza fra l'uomo e la scimia; o si vuole far entrare nel confronto anche la virtualità, ed allora, in miglior zoologia, v'è troppa distanza. Insomma, o signori, non saremo indiscreti se forzeremo la mano a questo dispensatore di blasoni. Cerchiamo francamente l'investitura di un regno: una voce interna ci dice abbastanza che lo meritiamo.

Invero questo diritto ci fu già da alcuni ampiamente riconosciuto, da Nees di Esenbeck, da Jan, da Quatrefages, ma il regno umano, quarto regno della natura, è posto, da alcune grandi potenze scientifiche, nelle stesse condizioni nelle quali si trova nel mondo politico l'Impero Germanico. Vediamo quale de' due si costituirà più presto.

La legittimità di questo regno non può essere contrastata. Chi la acconsente e chi la rifiuta concorre egualmente a dimostrarla, poiché di tanti assoluti distintivi morali dell'uomo, di tanti suoi attributi esclusivi, due sono certissimi: quello di mettere se stesso in quistione, e l'altro di porsi in lotta co' suoi propri sentimenti. Chi non vuol riconoscere come appannaggio esclusivo dell'uomo il dubbio filosofico, il sentimento morale, il religioso, dovrà vedere nel fondo del calice delle miserie umane queste affatto caratteristiche e proprie, che sono il maligno sospetto, la menzogna, il suicidio.

Come la virtualità decida sola sul posto di un essere vivente nella natura, io lo posso dimostrare cogli stessi procedimenti incontrastati della filosofia naturale.

I due regni vegetale ed animale formano, partendo, ciascuno per sé, dalle forme superiori e più complicate alle inferiori e più semplici, due serie convergenti e così immedesimate che i naturalisti disputano ora più che mai sul loro preciso limite. Anche qui i caratteri differenziali che sembravano per lo addietro così netti e precisi, fra animali e piante, coi progressi della scienza vennero l'un dopo l'altro a sparire, precisamente come fra gli animali e l'uomo. Il naturalista trova soventi, sotto il microscopio, minuti e semplicissimi esseri viventi ai quali non sa qual natura attribuire. Colla medesima precisa composizione, co' medesimi precisi movimenti, l'uno assorbe acqua, acido carbonico ed ammoniaca, prodotti della decomposizione continua di sostanze organiche, e sarà un vegetale; l'altro invece introduce nel suo corpicino sostanze organiche indecomposte, insomma mangia, e sarà per questo solo un animale. Ecco due potenze virtuali affatto distinte, in due semplicissimi organismi affatto simili. Della natura di questi organismi non possiamo capire nulla, finché la virtualità o potenzialità propria di ciascuno non sia tradotta in azione. La forza della logica ci obbliga a continuare le conseguenze del principio di Darwin, fino ad un'origine comune agli animali ed alle piante: eppure la distinzione de' due regni animale e vegetale è mantenuta. A nessuno è mai venuto in pensiero di toglierla, per ciò solo che è difficile, ed anzi praticamente in alcuni casi impossibile, separare con un taglio netto organismi inferiori de' due regni.

Un'ultima considerazione, o signori.

Ripensate un istante alle immediate ed alle remote conseguenze di quel semplice atto che è l'accendimento d'un ramo secco, al qual non arriva la capacità della scimia. Di là si venne subito alla pentola, primo fondamento della famiglia, all'altare ardente ed alla fucina, primi fondamenti delle società umane. Ma non è ancora quello ch'io voglio dire.

Un pensiero che ho preso al volo in una conversazione famigliare con un mio dottissimo amico, mi pare conduca a riconoscere un'alta ragione teleologica nel regno umano. Per verità il naturalista deve stare bene in guardia contro il principio delle cause finali, per evitare il pericolo di fare della scienza sentimentale a capriccio; ma quando una manifestazione di questo principio scaturisce da sé, senza tormentare i fatti, io non vedo il perché si debba respingere come una tentazione funesta.

Ora ascoltate.

L'economia generale della natura si mantiene per l'azione combinata antagonista delle piante e degli animali. Le piante assorbono le sostanze elementari del loro organismo dal terreno in piccola parte ed in massima parte dall'aria, e fabbricano così la materia organica onde s'alimenta l'organismo animale. Sapete quanto ne' tessuti della pianta, e specialmente nel legno, sia predominante il carbonio che resta sotto forma di carbone, quando gli altri principi elementari, l'ossigeno, l'idrogeno, l'azoto, siano eliminati. Ora le piante prendono tutto il loro carbonio dall'aria, ove esiste in quella combinazione che è detta acido carbonico. L'acido carbonico dell'aria è dunque il principale alimento delle piante. Tutto il carbonio che è solidificato o nell'organismo delle piante od in quello degli animali od in que' grandi strati di lignite e di carbone fossile che fanno parte della corteccia terrestre, tutto fu preso dall'aria, e, per l'economia generale della natura, deve essere nuovamente nell'aria riversato. Ma quegli immensi strati di lignite e di carbon fossile sono un ingente capitale affatto perduto per la vegetazione, tagliato fuori intieramente dal circolo della vita. L'uomo solo è chiamato dalla natura a vivificare questo capitale, a restituirlo fruttifero per le mille e mille bocche delle sue risuonanti officine nel grande emporio dell'atmosfera. Lo stemma del regno umano abbia adunque la doppia corona dell'ordine morale e dell'ordine teleologico.

APPENDICE

(1865)

Nell'accingersi ad una ristampa di questa lezione l'editore mi domandò se mai vi avessi nulla da aggiungere, da togliere o da cambiare. La mia risposta fu di lasciarla intatta.

Però, se mi rassegno a passare agli occhi di taluno per un peccatore ostinato, vorrei evitare l'accusa di sordo volontario. Molto si è parlato intorno a me di questa lezione. Gli uni avrebbero voluto ch'io fossi stato più conseguente alle premesse, più franco e radicale; che dopo aver fatto camminare di pari passo ed in fila l'uomo colle scimie, non avessi poscia rotto violentemente questo, a loro credere, così bello, così naturale consorzio; altri, colpiti di scandalo alla semplice enunciazione dell'argomento, atterriti dalle conseguenze apparenti dei primi confronti, precipitarono il giudizio e non vollero sentir altro. Dai primi ho avuto semplici promesse di ragioni e di prove o disdegnose crollate di testa, come io domandassi che mi si facesse vedere il sole; fra i secondi i più furono intolleranti in modo assoluto e reciso, ma i pochi arrendevoli, dai quali ho potuto farmi ascoltare, finirono per convenire almeno in questo, che la tesi era scientificamente sostenibile e senza urto di coscienze.

Del resto, anche i più fervidi sostenitori della teoria della trasmutazione della specie e della naturale applicabilità di questa teoria alla ricerca dell'origine materiale dell'uomo, sanno benissimo due cose: da prima che in siffatti argomenti non si può pretendere all'assoluta certezza delle verità sperimentali; e poscia che le vecchie abitudini delle scuole formano una resistenza dura da vincere. Epperò sono essi i primi a desiderare un'ampia, una spassionata discussione, ma si oppongono a ciò che la pura sonora apparenza di questa mascheri la reale conclusione del non farsi luogo a discutere. Le rifritture rettoriche, in famiglia, di argomentazioni stantìe siano lasciate in pace. La sola arena nella quale simili quistioni si possono dibattere con dignità e con qualche speranza di successo, è l'arena della stampa, ed in questa io non trovo che un solo franco e leale avversario, il prof. Bianconi di Bologna .

Troppe cose io sarei in grado di contraporre alla sua dotta memoria, se non che egli mi ha reso difficile l'assunto col non prestarmi filo per filo da seguire, col pregiudicar la discussione fino nel titolo che gli piacque dare alla teoria presa a combattere a botta calda. Come il professore Bianconi poteva imparzialmente giudicarla, esordendo in nome dell'umanità che si risente, del buon senso che rifugge, della conculcata sublimità dell'intelligenza? La prima impressione lo ha tradito, e così non si è accorto che tutta la sua diligentissima elucubrazione, quale invero si è in diritto di attendere da un naturalista pari suo, può passare tutta intiera nel campo contrario senza produrvi la benché menoma commozione. Tutto quanto dice il prof. Bianconi della differenza fra l'uomo e la scimia, è perfettamente vero; dirò di più, è noto, ammesso, riconosciuto da tutti indistintamente: col compasso e colla bilancia, non c'è a ridire. Non si tratta adunque di discutere di forza ed acutezza di denti canini, di capacità del cranio, di mobilità di dita, di estensione del legamento plantare. La vera, la sola questione è sull'origine della differenza di questi caratteri e sul loro valore; ed una così fondamentale quistione è dall'egregio professore di Bologna saltata a piè pari. Questo bisognava discutere per drizzar i colpi al vero regno, onorando in pari tempo l'avversario. Per difendere la teoria dell'immutabilità della specie non potevano mancare al professore Bianconi argomenti assai più gravi di quelli triti e rancidi della mummia che non prova nulla, e del fossile che prova il contrario. A mostrare infatti quanto sarebbe stato urgente per lui l'occuparsi della quistione generale prima che della particolare, prenderò le sue stesse conclusioni, alle quali controporrò altrettante, od equivalenti, od identiche, meno l'ultima, che infin de' conti è la conclusione vera e che per me sarà in senso opposto.

Prof. Bianconi Io

1. Esistono distinzioni organiche, gravi e sicure fra l'uomo e le scimie antropomorfe. 1. Esistono distinzioni organiche gravi e sicure fra le scimie antropomorfe e le capucine.

2. Tali distinzioni e differenze più emergono salienti ed accertate, quanto più l'analisi è profonda. 2. Tali distinzioni e differenze più emergono salienti ed accertate, quanto più l'analisi è profonda.

3. Sussistono in tutta la loro integrità le antiche divisioni di bimani e quadrumani. 3. Sussistono in tutta la loro integrità le antiche divisioni di scimie catarrine e platirrine.

4. L'uomo è una creazione a parte, ed a sé, indipendente affatto da quella degli altri animali. 4. E nullameno le scimie antropomorfe NON sono una creazione a parte e indipendente affatto da quella degli altri animali.

È evidente che se io riesco a sostenere il mio N° 4, quello del prof. Bianconi deve necessariamente vacillare. Sono per altro in obbligo di aggiungere che il mio dotto avversario fa entrare qui un altro elemento: quello dell'intelligenza e della morale. Io voglio farne invece causa separata, la quale, richiamata a tempo debito, farà certamente sparire ogni divergenza fra noi.

Ho già toccato nella mia lezione quali sieno le principali ragioni che fanno preferire la teoria della continuata produzione genealogica della specie a quella delle creazioni dirette e successive. Aggiungerò ora che, entrati una volta in quest'ordine d'idee, io non so veramente trovare due teorie antagoniste, ma soltanto l'alternativa del pensare o del non pensare. Una creazione di getto non è concepibile da alcuno, mentre è accessibile ad ogni mente, e fino ad un certo punto effettivamente verificabile, la trasmutazione di una forma nell'altra. Per derivare teoreticamente da un prototipo tutta la successione delle specie, non si ha bisogno che di poter disporre con larghezza d'un solo elemento, del tempo, e di questo ne abbiamo a discrezione.

Ma i nostri avversari siano anche alquanto ragionevoli e non ci domandino prove impossibili: quelle che siamo in grado di presentare saranno sempre migliori delle loro. Non ci si imponga di fare come quello scolastico, il quale, avendo sentito che i corvi campano due secoli, ne acquistò uno per fare la prova di sua propria testimonianza.

Le obbiezioni fatte alla teoria detta di Darwin sono di due sorta: le une attaccano il principio generale della mutabilità della specie, le altre il concetto particolare del naturalista inglese sul perpetuarsi delle variazioni col mezzo dell'elezione naturale. Ad alcune di queste obbiezioni, sovratutto fra le prime, si è abbondantemente risposto o si può rispondere, e coloro che le ripetono puramente e semplicemente senza farsi carico delle repliche, non fanno che confessare la propria incompetenza. I precedenti scientifici del prof. Bianconi lo escludono assolutamente da questo numero ed il suo silenzio intorno alla quistione fondamentale riesce per ciò tanto meno concepibile. Egli non poteva esimersi dal mostrare che i caratteri organici pei quali l'uomo si distingue dalle scimie sono di tal natura da non potersi derivare da modificazioni sporadiche divenute permanenti. Se io posso far vedere che differenze, dal punto di vista zoologico, assai più gravi si sono viste nascere per cause indeterminabili, poscia trasmettersi per eredità, in un periodo definito dell'ordine tellurico ed in una ristretta porzione di questo periodo, sarò ampiamente autorizzato a supporre molto probabile la produzione da prima, e quindi la perpetuazione ereditaria in un lasso di tempo illimitato, ed attraverso vicende geologiche, di particolarità organiche più importanti, ed a maggior ragione di meno importanti. Gli esempi riferiti nella mia lezione mi sembrano di gran forza, e quando se ne richiedessero altri non ve ne sarebbe penuria.

Ne sceglierò ancora uno perché recente ed interessante al maggior grado. Dalla presenza o dalla mancanza della clavicola, o dalle clavicole perfette od imperfette, si desume in zoologia un carattere di importanza assai più che specifica, perfino più che di genere, un carattere di famiglia o di sottordine. Ora in qualche raro caso si è verificato la mancanza totale o parziale di quest'osso nella specie umana. Un caso di mancanza della metà acromiale della clavicola fu narrato lo scorso anno dal professor Gegenbaur di Jena ; e ciò che è più importante si è che tale difetto, originario in una donna, è stato da questa trasmesso alla sua prole di due letti, senza che rimanesse menomamente lesa la piena libertà dei movimenti delle braccia. Di induzione in induzione, fondandosi sempre sulla legge fisiologica dell'eredità, potremmo facilmente arrivare a supporre possibile la formazione di una stirpe priva della parte acromiale od anche di tutta la clavicola. Or bene, se fra i distintivi organici dell'uomo in confronto colle scimie ci fosse anche questo, il prof. Bianconi non avrebbe esitato un istante a metterlo in prima linea: fors'anco non avrebbe creduto necessario lo scendere fino ai caratteri molto subordinati delle zanne, dell'arcata zigomatica, del legamento plantare; e nel supposto caso avrebbe avuto molto maggior ragione che non nel caso concreto.

Nessun ordine zoologico è fondato su caratteri organici equivalenti a quelli sui quali il prof. Bianconi stabilisce l'ordine de' bimani: che se egli ha in suo favore la continuata tradizione delle scuole, non deve dimenticarsi che è appunto la legittimità di questa tradizione che si vuol discutere. Egli avrebbe forse proceduto in altro modo ove la quistione fosse stata semplicemente sulla possibile derivazione delle scimie dai maki. La cagione di questo diverso contegno è perfettamente chiaro. Egli è che insieme alla quistione zoologica ne è stata travolta un'altra di assai diversa natura, ed una reazione scusabile appena in chi viva fuori del mondo delle cose reali, ha dato il prisma all'occhio del naturalista.

Quante volte non si è detto che l'uomo è il riassunto di tutta la creazione organica, senza che gli spiriti più eccitabili, le coscienze più timorate, non ne risentissero offesa! La nuova teoria non fa che ridurre a forma più scientifica questa frase astratta. Al dire che l'uomo è l'ultimo termine della catena degli esseri creati, nessuno si commuove: quando si contano e si denominano gli anelli di questa catena, sorgono proteste da ogni parte. È uno strano modo questo di concepire la dignità umana! Che! l'origine dell'uomo sarà forse meno divina, quando la biblica zolla diventi tutta la creazione organica? Il prof. Bianconi si fa questa domanda: se dunque io derivo da una scimia, come sorse il primo raggio dell'intelligenza? Ebbene: si ripeta la risposta medesima che si dà quando crede di esser derivato da un pezzo di impuro fango.

Faccia questo, e poscia io sarò con lui in riconoscere che l'uomo è una creazione a parte, ma soltanto come essere intelligente e morale. In questo senso io lo credo, e così profondamente, che alla mia volta parmi sentir rintronare le grida dell'umanità rifuggente dal vedersi registrata nelle tabelle zoologiche, o si parli di primati, o si parli di bimani.

Da tutto ciò si deduce un utile insegnamento che vale un sistema, ed è che nel trattare quistioni di filosofia naturale non bisogna mai lasciarsi condurre da considerazioni estranee, né falsare i risultati per drizzarli forzatamente contro scopi prestabiliti. La filosofia naturale non ha nulla a che fare colla rivelazione, non può adoperarsi né pro né contro di essa. I razionalisti fanno cattivo uso della ragione, quando studiano l'opposizione de' risultati scientifici alla credenze od ai sentimenti religiosi, come questa opposizione fosse per sé un criterio probativo di verità fisiche; ed i teologi fanno male alla religione quando vogliono darle sostegni che essa non chiede, dei quali non abbisogna, e che, essendo concessi assolutamente alla libera discussione, possono essere rovesciati.

Sul punto di correggere le bozze di stampa, mi venne gentilmente comunicato uno scritto recentissimo, nel quale un altro professore dell'Università di Bologna trae occasione per dichiararsi risoluto avversario della teoria che ho cercato di propugnare . Se il principio d'autorità potesse per sé solo troncare d'un tratto una quistione di filosofia naturale, sarebbe questo il caso di darsi per vinto e non fiatar più. Mi permetta però l'illustre professore Calori, che io sottometta al suo giudizio le stesse osservazioni fatte al suo collega. La quistione non s'aggira punto sulla differenza fra il gorilla e l'uomo, ma veramente sulla derivazione di queste differenze. Certo il gorilla non genera che gorilla, e gli stessi più entusiasti darwinisti non pensano altrimenti. La vera quistione è assai più generale e può esprimersi così: se quelle che noi diciamo ora differenze specifiche non abbiano avuta, nella lunga successione de' periodi geologici, la stessa origine di quelle altre differenze che ora veggiamo coi nostri propri occhi prodursi e perpetuarsi e che per ciò solo consideriamo come di varietà o di razze. E poiché il professore Calori fa esso pure intervenire come argomento necessario in siffatta quistione l'idea di una Sapienza infinita, di un autore supremo della natura, mi sia lecito il ripetere che l'autore delle forme organiche è pure l'autore delle leggi che le governano e singolarmente e nel complesso, e che in queste, più che nelle prime, si manifesta la Sapienza infinita; che si può essere profondamente atei ammettendo la formazione di getto delle specie organiche, mentre un vero sentimento religioso è conciliabile colla dottrina della figliazione genealogica della specie da un tipo primitivo, come l'esclamazione ascetica «non casca foglia che Dio non voglia» è conciliabile col pieno riconoscimento delle leggi della gravità.

Sul punto di correggere le bozze di stampa, mi venne gentilmente comunicato uno scritto recentissimo, nel quale un altro professore dell'Università di Bologna trae occasione per dichiararsi risoluto avversario della teoria che ho cercato di propagnare. Se il principio d'autorità potesse per sé solo troncare d'un tratto una questione di filosofia naturale, sarebbe questo il caso di darmi per vinto e [illegible]. Mi permetto però far notare al professore [illegible] sottoponendo al suo giudizio le stesse osservazioni fatte al suo collega. La quistione [illegible] punti della differenza tra il gorilla e l'uomo, ma [illegible] nella derivazione di queste differenze [illegible] che gorilla e l'uomo [illegible] darwinisti [illegible] quistione è essa [illegible] in generale e può esprimersi così: se quelle che diciamo ora differenze specifiche non abbiano avuto, nella lunga serie dei periodi geologici, la stessa origine di quelle differenze che ora veggiamo [illegible] principali prodursi [illegible] [illegible] nel complesso, e che in questo [illegible], si [illegible] importante che si può essere [illegible] nel [illegible] genere [illegible] [illegible] [illegible] ascelli [illegible] [illegible]